Walter Buchacher & Josef Wimmer

Das Führungsseminar

Walter Buchacher & Josef Wimmer

Das Führungsseminar

Werkzeuge für den Führungsalltag in Wort und Bild

Bibliografische Information Der Deutschen Bibliothek

Die Deutsche Bibliothek verzeichnet diese Publikation in der Deutschen Nationalbibliografie; detaillierte bibliografische Daten sind im Internet über http://dnb.ddb.de abrufbar.

ISBN-978-3-7093-0147-0

Umschlag: buero8
Satz: Hannes Strobl, Satz·Grafik·Design, 2620 Neunkirchen
© LINDE VERLAG WIEN Ges.m.b.H., Wien 2008
1210 Wien, Scheydgasse 24, Tel.: +43/1/24 630
www.lindeverlag.at
Druck: Hans Jentzsch & Co. GmbH., 1210 Wien, Scheydgasse 31

1

Inhaltsübersicht

Einleitung

Das Buch

Dieses Buch kommt direkt aus der „Werkstatt". Es ist Ergebnis zahlreicher Führungsseminare mit vielen Führungskräften. Alles, was Sie in diesem Buch lesen, hat den Praxistest vielfach bestanden.

Dieses Buch ist für den Führungsalltag geschrieben. Wir sagen, worauf es ankommt und wie es geht – einfach, schneller fassbar und mit Appetit aufs Tun.

Das Konzept des Buches ist einfach: Wir haben im Laufe der Jahre alle unsere eigenen Visualisierungen auf Flipchart und Pinnwand fotografiert. Diese Live-Produkte finden Sie immer auf den rechten Buchseiten, zur Erstinformation auf einen Blick! Erklärungen, Anleitung und Hintergrundinformationen dazu stehen immer im Text auf der gegenüberliegenden linken Buchseite. Dieses Zusammenspiel von Bild und Text ist auch typisches Merkmal unserer Seminare.

In diesem Buch wird ausschließlich die männliche Form verwendet – es richtet sich aber selbstverständlich an beide Geschlechter.

Die Salzburger Trainingsmethode im Führungsseminar

Die Salzburger Trainingsmethode ist unsere Hausmarke bei der Gestaltung von Seminaren. Wir haben die Salzburger Trainingsmethode in unserem Buch „Das Seminar", ebenfalls bei Linde international erschienen, beschrieben.

Sie zeichnet sich durch einen belebenden Wechsel von Information und deren Verarbeitung in Einzel-, Paar- und Gruppenphasen sowie Diskussionen in der Gesamtgruppe aus. Neues Verhalten wird in Trainingsphasen und Rollenspielen erprobt und angeeignet. Förderliches Feedback wird in Videoanalysen gewonnen. Kleine Spiele und eine vertraute Atmosphäre tragen viel zu einer gelösten und heiteren Stimmung bei. Der Wechsel von Informationsphasen und Aktivitäten erfolgt rhythmisch wie die Wellen im Meer.

Darin, als Bild, schwimmt stolz ein Eisberg. Die Spitze mit klaren Zielen ragt heraus. Sie wird getragen von starken Kräften darunter, von positiven Ein-

Das Führungsseminar im Bild vom Eisberg

stellungen, Wille und Motivation. Die Antriebskräfte sollen in Richtung der Ziele wirksam werden. Und dafür brauchen Führungskräfte die besten Werkzeuge – dieses Buch handelt davon!

1. Was ist „Führen"?

Einstellungen – Aufgaben – Werkzeuge

Führen heißt, Leistungsprozesse steuern.
Die eigene Energie und die Antriebskräfte von Mitarbeitern werden auf
gemeinsame Ziele hin ausgerichtet.
Wie macht das die Führungskraft?
Indem sie zwölf zentrale Aufgaben wahrnimmt und die richtigen
Kommunikationswerkzeuge verwendet!

Was heißt „Führen"?

Im Seminar fragen wir unsere Teilnehmer gerne:
„Was alles beeinflusst aus Ihrer Sicht den Führungsprozess?"
Alles, was dann gesagt wird, lässt sich **auf fünf entscheidende Einflussfaktoren** zurückführen. Diese sind:

▌ Die Person der Führungskraft selbst, ihre Einstellungen, ihr Führungsverhalten, ihr Umgang mit anderen, ihre Kompetenzen usw.

▌ Die Mitarbeiter als Einzelpersonen. Individualität drückt sich in besonderen Kompetenzen, einer bestimmten Motivationslage und einem eigenen Erfahrungshintergrund aus. Menschen wollen als individuelle Personen wahrgenommen werden. Erfolgreiche Führung berücksichtigt das.

▌ Mitarbeiter arbeiten meist in Gruppen (Teams, Abteilungen) zusammen. Gruppen bilden eine eigene Dynamik aus, die von der Führungskraft erkannt und mitgesteuert werden soll.

▌ Das Zusammenwirken von Führungskraft und Mitarbeitern ist auf Ziele ausgerichtet. Ziele geben an, was geleistet, hergestellt und umgesetzt werden soll und wie dies geschieht. Ziele sind Erfolgskriterien. Die Identifikation mit Aufgaben und Zielen gelingt, wenn ein gemeinsames Verständnis über den Sinn der Tätigkeit besteht, wenn es also gemeinsame Werte gibt.

▌ Die zielgerichtete Arbeit findet in einer realen Situation statt. Der fünfte Einflussfaktor sind die Bedingungen im Betrieb und im Umfeld. Strukturen, Abläufe und Führungsprinzipien im Betrieb gehören hier dazu, aber auch das regionale, gesellschaftliche und wirtschaftliche Umfeld.

Diese fünf Faktoren können wir nun in einer griffigen Beschreibung zusammenfassen:
„Führen" heißt, einzelne Mitarbeiter und Gruppen unter Berücksichtigung der jeweiligen Situation auf gemeinsame Werte und Ziele des Betriebs hin zu beeinflussen (steuern, leiten, ermöglichen).

Literatur: Rainer W. Stroebe, Grundlagen der Führung

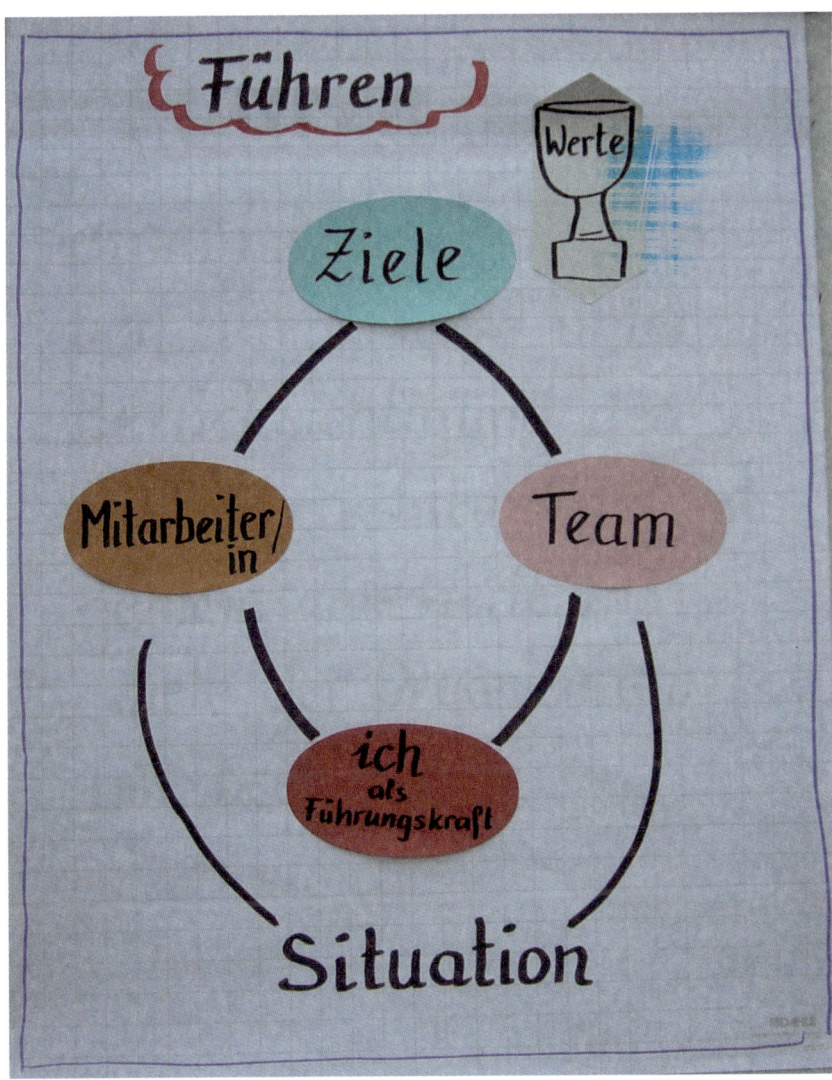

Führen = Ich – MA – Gruppe – Ziele – Werte

Führungskunst

Den Eisberg in Balance halten

Für die Veranschaulichung der Balance nehmen wir ein **Dreieck**. Dessen Eckpunkte bezeichnen die Ziele, einzelne Mitarbeiter und die Gruppe, die zusammenarbeitet. Umgeben ist das Dreieck von den situativen Bedingungen.

Als Führungskraft muss ich mich nun in diesem Dreieck positionieren:

▌ Stehe ich näher bei den Zielen und Aufgaben und opfere notfalls das Klima und die Zustimmung der Gruppe?

▌ Stehe ich näher bei den Personen und gebe der Harmonie den Vorzug, auch wenn dadurch Ziele nicht erreicht werden?

Markieren Sie im Dreieck den Punkt, der Ihrer Position entspricht!

Sie treffen damit eine erste allgemeine Aussage zu Ihrem Führungsstil.

Vielleicht sagen Sie sich: Der markierte Punkt trifft eine Tendenz bei mir, aber ich pendle auch sehr oft im Dreieck.

Dann sind Sie beim situativen Führungsstil angelangt. Entscheidend für die Effektivität der situativen Führung ist aber, dass ich richtig pendle, also dorthin, wo ich erforderlich bin.

Der Pfad guter Führung führt i. A. von der Wahrnehmung der einzelnen Mitarbeiter über das Durchblicken und Entwickeln der Zusammenarbeit in der Gruppe hin zur gemeinsamen Ausrichtung auf Ziele. **Alle drei Ecken des Dreiecks brauchen die „Zuwendung" der Führungskraft.**

Stellen wir uns das Dreieck als Eisberg vor, der im Meer schwimmt, so schauen Ziele und Aufgaben aus dem Wasser.

Dieser Teil (**Sachebene**) macht beim Eisberg ca. 1/7 des Volumens aus. Der Großteil ist unter der Wasseroberfläche. Hier, auf der **Beziehungsebene**, spielt sich auch der Großteil der Führungsaufgaben ab.

Den Eisberg (das Dreieck) in guter Balance zu halten, das ist Führungskunst.

Literatur: Ruth Cohn: Von der Psychoanalyse zur themenzentrierten Interaktion

Balance halten im Führungsdreieck

Die zwölf Aufgaben einer Führungskraft

Da kommt ja einiges zusammen!

Führen bedeutet, Leistungsprozesse steuern, mit Mitarbeitern, die gerne bei der Sache sind.

Dazu investiert eine Führungskraft in **zwölf Aufgaben**, die aufeinander bezogen sind:

I **Personalentwicklung:** Mitarbeiter auswählen, beurteilen und fördern. Die beste Mitarbeiterentwicklung erfolgt über die Beteiligung am Planungs- und Entscheidungsprozess und durch die Übertragung herausfordernder Aufgaben. Zielvereinbarung, Überprüfung und Anerkennen der Erfolge sind dabei wichtige Gesprächsanlässe.

I **Auseinandersetzen mit Problemen:**
Probleme und Schwachstellen erkennen und ansprechen, dabei ein Drittel der Ursachenerforschung widmen, und zwei Drittel der Lösungen für die Zukunft.

I **Ziele vereinbaren:**
„Nur wenn alle das Ziel kennen (und akzeptieren), stimmt die Richtung!"
Ziele bringen Klarheit und Motivation!

I **Planen:**
Es geht um den besten Weg zum Ziel oder ein optimales Ergebnis. Eine gute Planung ist bereits die halbe Umsetzung.

I **Entscheiden:**
Führungskräfte brauchen eine gewisse Entscheidungsfreudigkeit und gehen dabei ein kalkulierbares Risiko ein. Einbinden der Betroffenen in Entscheidungen erhöht die Akzeptanz.

I **Delegieren,** koordinieren und organisieren:
Gutes Delegieren ist die größte Chance, Mitarbeiter zu fördern und zu entwickeln.

I **Informieren:**
Selbst informiert sein, sich weiterbilden und für Mitarbeiter den Zugang zur Information sichern. Es muss geregelt sein, welche Informationen dem Mitarbeiter gebracht werden (Bringteil) und welche er sich selbst besorgt (Holteil).

I **Motivieren:**
Motivation ist eine individuelle Sache und verlangt die Auseinandersetzung mit jedem einzelnen Mitarbeiter, seinen Werten, Zielen und Kompetenzen.

▍ Kontrollieren:
Nicht „nachspionieren" ist hier gemeint, sondern das Begleiten beim Umsetzen und die gemeinsame Überprüfung der Zielerreichung. Keine Zielvereinbarung ohne Kontrolle und keine Kontrolle ohne Ziele!

▍ Kontakt, Kommunikation und Konfliktlösung:
Führungskräfte haben einen kommunikativen Beruf. Sie sind für ihren Bereich normbildend und ein Vorbild.

▍ Gutes Klima fördern:
Für die Verständigung über gemeinsame Werte und Ziele sorgen (Commitment), positive Einstellung und optimistische Grundhaltung fördern.

▍ Repräsentieren:
Nach innen und außen ein positives Bild vermitteln.

Die Führungskraft prägt diese Aufgaben mit ihrer Persönlichkeit, dem Führungsstil und der Aufgeschlossenheit für Weiterbildung.

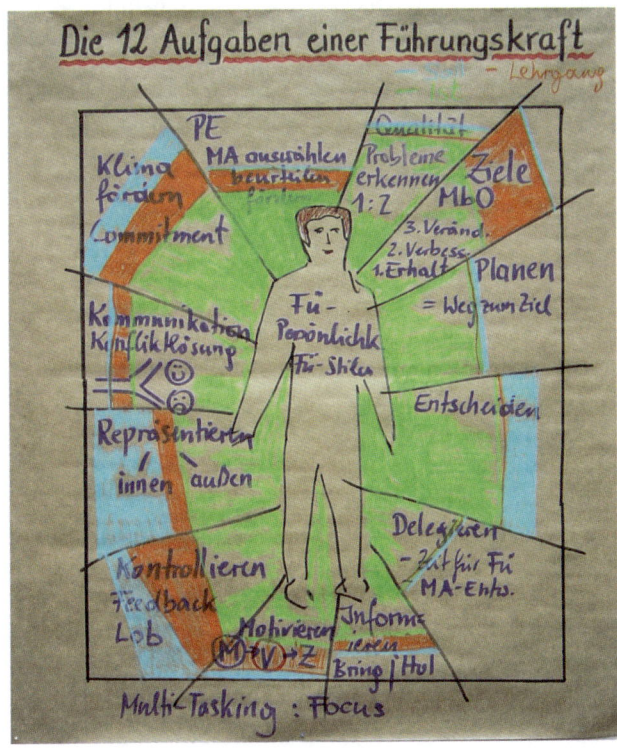

Aura der 12 Führungsaufgaben

Wähle deine Einstellung!

Denn: Einstellungen wirken.

Wir alle tragen eine **Brille**, durch die wir in die Welt blicken: Entweder eine freundliche gelbe oder rosarote Brille oder eine düstere graue.

Und was entscheidend ist: Weitgehend könnten wir **selbst entscheiden**, welche Brille wir tragen.

Es gibt einschneidende Ereignisse im Leben, da ist Betroffenheit, Sorge oder Trauer angebracht. Aber in den vielen Alltagssituationen liegt es an uns, ob wir Misstrauen, Angst und Ärger vor uns hertragen oder Neugier, Zuversicht und Freude. Unsere Grundeinstellung wirkt dabei wie ein Pingpong-Effekt. Die Einstellung steuert unsere Wahrnehmung, und wir nehmen wahr, was wir erwarten. Wir bekommen also die eigene Einstellung mehrfach gespiegelt nach dem Muster „Wie du in den Wald rufst, so hallt es zurück!". Die eigene Grundeinstellung wird bei allen Begegnungen sichtbar, durch den Gesichtsausdruck, in der Körperhaltung und in der Sprache.

So verwendet jemand mit der düsteren Brille Ausdrücke wie: Wir haben viele Schwierigkeiten, Probleme, das Glas ist halb leer, Fehler sind Makel, schlechtes Wetter, Warum nur?, Positives als Zufall usw.

Der Träger einer hellen Brille sagt hingegen:

Wir haben Ziele und Herausforderungen, das Glas ist halb voll, Fehler sind Chancen, richtige Kleidung, Wie gehen wir es an?, Positives als Ergebnis von Anstrengung usw.

In der Motivation unterscheiden wir den **Erfolgssucher** und den **Misserfolgsvermeider**.

Douglas McGregor hat die beiden Brillen als **X-Typ** und den **Y-Typ** beschrieben.

Der X-Typ sieht den Menschen als von Natur aus bequem und arbeitsscheu, nur durch Zwang zur Arbeit zu bewegen, möchte keine Verantwortung übernehmen usw.

Der Y-Typ sieht Menschen auf der Suche nach interessanter Arbeit, alle möchten ihr angeborenes Potenzial entwickeln, der Mensch setzt sich für Ziele ein, die er akzeptieren kann, besitzt Selbstdisziplin und übernimmt Verantwortung. Nun das Entscheidende: **Beide Typen haben Recht!**

Gedanken und Einstellungen haben die Tendenz, sich zu verwirklichen. Beide bekommen das, was sie sich zuvor gedacht haben.

Das Buch „Fish!" beschreibt die Geschichte einer Einstellungsänderung von X auf Y in einer Abteilung.

Literatur: Stephen C. Lundin/ Harry Paul/ John Christensen: Fish!

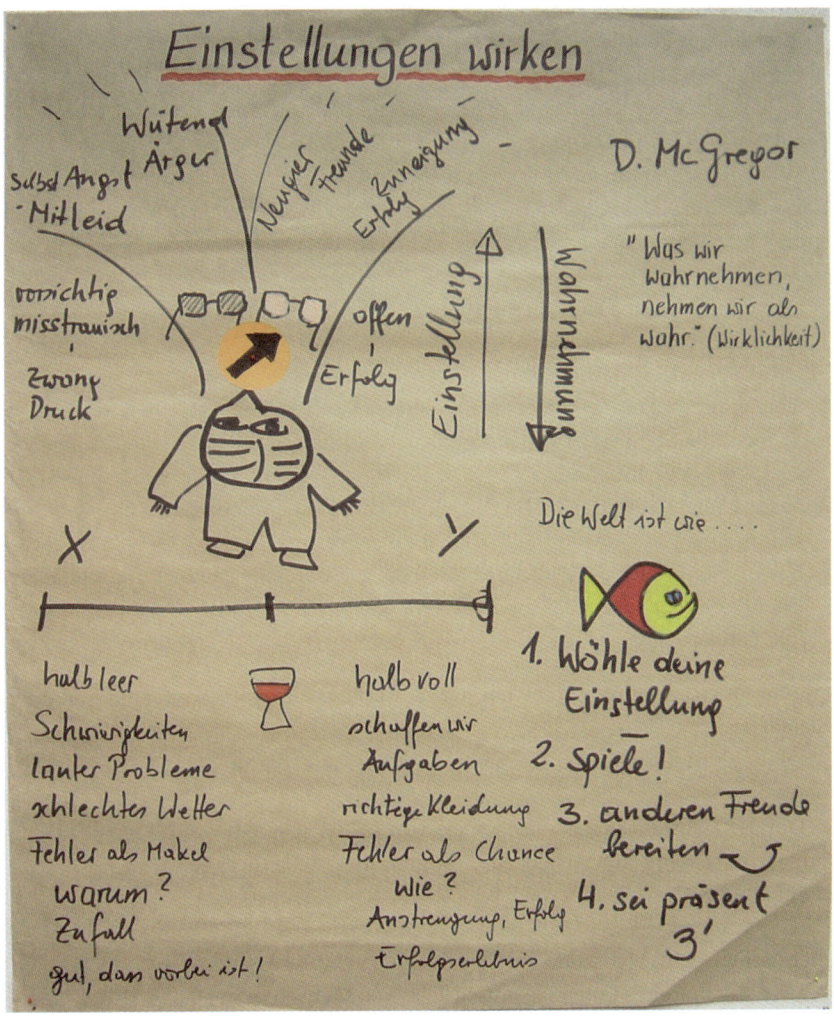

Zwei Arten, in die Welt zu blicken

Zum Beispiel:

Ein Führungsseminar im Überblick

Ein Seminar ist in gewisser Weise auch ein Produktionsprozess. Die **Leitung eines Seminars und das Führen einer Abteilung** haben viele Gemeinsamkeiten. In beiden Fällen geht es um das Erreichen erstrebenswerter Ziele, wollen Teilnehmer bzw. Mitarbeiter als einzelne Persönlichkeiten wahrgenommen werden, soll die Gruppe eine produktive Dynamik ausbilden und soll eine klare Struktur für Orientierung und Sicherheit sorgen.

Wir wollen in unseren Führungsseminaren diesen Prinzipien möglichst nahe kommen. Der Übersichtsplan ist ein wichtiger Baustein dazu. Vom Seminarstart weg transportiert er die Führungsbotschaft in einem Bild, also auf einen Blick.

Der **Übersichtsplan** sagt fürs erste das, was draufsteht, also Themen und Zeiten.

Aber er vermittelt darüber hinaus noch viel mehr:

▮ **Eine klare Struktur.** Die Botschaft dabei: Das Seminar hat einen stimmigen Aufbau, die Seminarleiter sind gut vorbereitet, es sollen Themen vermittelt und Ziele erreicht werden.

▮ **Ansprechende Gestaltung.** Die Botschaft: Die Teilnehmer sind es uns wert, ein schönen (arbeitsaufwändiges) Plakat zu schreiben.

▮ Handgeschrieben, **persönliche Note**: In diesem Seminar hat auch Individualität Platz, es darf etwas ausprobiert werden, es darf lebendig und bunt sein.

▮ Die **Aufforderung**, sich einzulassen auf eine interessante und produktive Zeit.

Was gemacht wird und wie etwas gemacht wird, gehört zusammen, im Seminar wie im Betrieb. **Das „Wie" im Seminar** hat Modellcharakter und vieles davon lässt sich mitnehmen in den Führungsalltag, z.B. für die Gestaltung von Besprechungen.

Das „Wie" im Betrieb entscheidet über Klima, Identifikation, Engagement und schließlich Erfolg. Führungskräfte prägen diese Betriebskultur.

Übersichtsplan auf der Pinnwand

2. Ich als Führungskraft:

Rolle – Stile – Persönlichkeit

Die stärkste Wirkung erzielt auf Dauer die eigene Persönlichkeit. Eine kompetente Führungskraft schafft Klarheit in der eigenen Rolle, in den Zielen und Erwartungen und in der Aufgabenzuteilung. Sie reflektiert die Wirkungen des eigenen Führungsverhaltens. Sie ist ein Vorbild für die stetige persönliche Weiterentwicklung.

Worin Führungskräfte Experten sind

Rollenklarheit ist gefragt

Ein klassischer Aufstieg, meist innerhalb des eigenen Betriebes, führt von der **Fachkraft** zur **Führungskraft**. Oftmals wird dabei zuwenig erkannt, dass dies eine grundlegende Änderung des Aufgabenprofils zur Folge hat. Im schlimmsten Fall hat man eine gute Fachkraft weniger und dafür eine ungeeignete Führungskraft mehr. Gute Fachkräfte tun sich oft schwer, die **Fachaufgaben** loszulassen. Gleichzeitig sind sie für die **Führungsaufgaben** nicht entsprechend geschult und vorbereitet.

Manche geraten hier in eine **Zwickmühle**: Sie erledigen weiterhin Fachaufgaben und holen sich davon ihre Bestätigung. Aus Zeitmangel können sie ihr Spezialwissen aber nicht mehr laufend aktualisieren und fallen zurück. Die eigentlichen Führungsaufgaben bleiben liegen, und gehandelt wird dort, wo es „brennt".

In einer solchen Führungssituation „brennt" es aber immer öfter. Als Folge der Zwickmühle resultieren Unzufriedenheit und Überforderung. Was hilft? – **Rollenklarheit!**

Die entscheidenden Kompetenzen von Führungskräften liegen nicht im fachlichen Spezialwissen, sondern in der Betriebs- und Menschenführung.

Im Bild von einem Rad ausgedrückt: Führungskräfte halten gewissermaßen, wie eine Nabe im Rad, die Mitarbeiter/Spezialisten, als Speichen dargestellt, zusammen.

Dieses Bild symbolisiert auch die Hauptaufgaben der Führungskraft: Steuern, Kontakt halten, Delegieren usw.

Neben dem klassischen Aufstieg von der Fach- zur Führungskraft haben viele Betriebe eine Karriereleiter zum Fachexperten eingerichtet.

In der Förderung der **Nachwuchs-Führungskräfte (High Potentials)** wird gemeinsam mit Vorgesetzten und Trainern erörtert, wohin die weitere Laufbahn gehen soll – zur Führungsaufgabe mit Managementausbildung oder zum Fachexpertentum. In hochspezialisierten Branchen (Technik, Medizin, Rechtsbereiche u.a.) halten Experten hohe Positionen. Zu ihren Aufgaben zählen u.a. Forschung, Entwicklung und interdisziplinäre Projektarbeit.

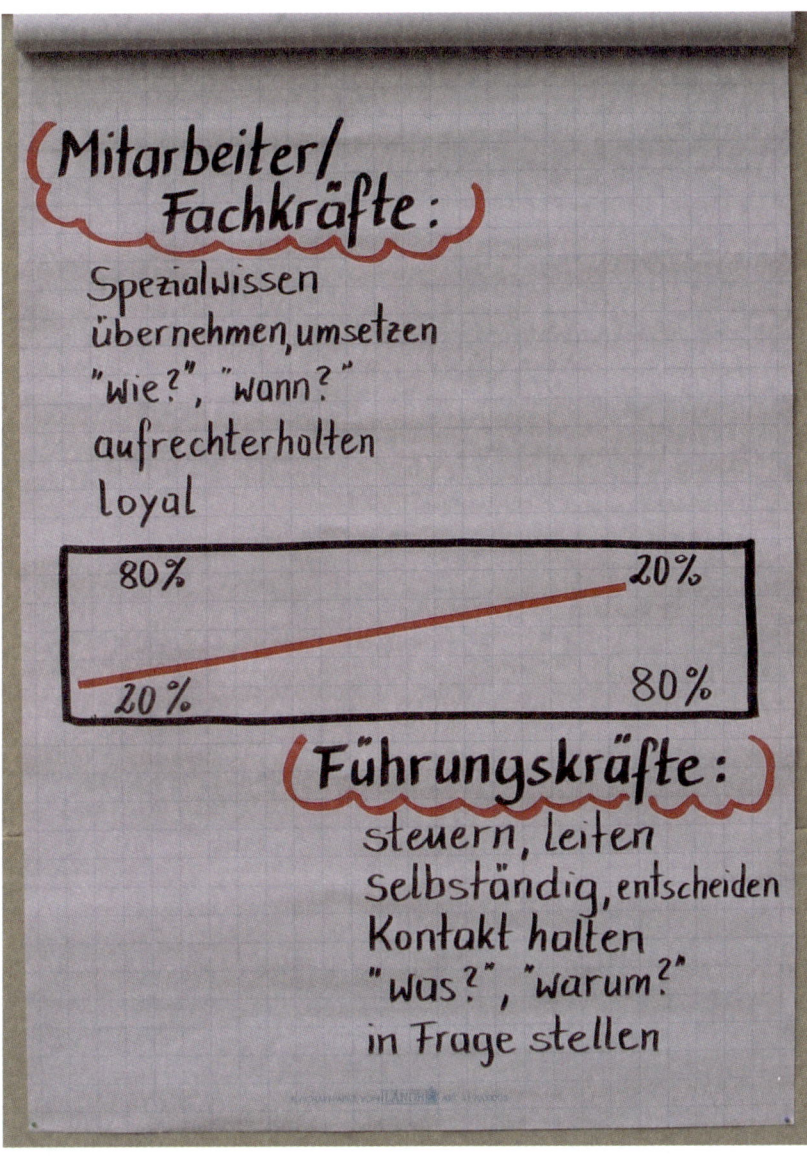

Rollenklarheit und Aufgabenprofil

Woher haben Führungskräfte ihre Macht?

Die Quellen von Einfluss und Macht

Führungskräfte veranlassen Mitarbeiter zu Leistungen und Zielen. Aber **warum folgen Mitarbeiter** und aus welchem Grund?

Die Führungsforschung hat gezeigt, dass es verschiedene **„Quellen der Macht"** gibt:

- Macht durch **fachliche „Autorität"** (Sachwissen, Management, Betriebsführung)
- Macht durch **Führungskompetenz** (Mitarbeiterführung, Emotionale Intelligenz, Soft Skills)
- Macht durch **Beliebtheit** (eine/r von uns, versteht uns, schafft gutes Klima)
- Macht zur **Belohnung** (verbale Anerkennung, materielle Begünstigungen)
- Macht zu bestrafen und **Zwang** auszuüben (Zuwendung entziehen, Unangenehmes androhen oder zufügen)
- **Positionsmacht** (formelle Funktion als Vorgesetzte/r, Stellung im Betrieb, Befugnisse).

Führungskräfte haben diese Quellen der Macht unterschiedlich stark ausgeprägt. Für jede Führungsperson lässt sich ein **„Machtprofil"** zeichnen.

Probieren Sie es: Für sich selbst (Selbstbild) oder für jemanden, den/die Sie kennen (Fremdbild)!

Zwei Beispiele:

A ist eine sachlich kompetente Führungskraft, die in der Mitarbeiterführung und im Zwischenmenschlichen wenig zeigt. Sie stützt sich auf Amtsautorität und den Einsatz von Strafen
(gelbe Linie im Bild).

B hingegen ist eine beliebte Führungskraft mit Stärken im Führungsverhalten und Loben. Sie hat Schwachstellen im sachlichen Management. Sie besitzt Amtsautorität, wird aber wenig Anlass haben, sie hervorzukehren.

Literatur: Otto Marmet: Ich und du und so weiter.

Die Quellen der Macht

Die klassischen Führungsstile

Wie führen?

„Was braucht eine Person, um erfolgreich zu führen?"

Denker und Forscher **vom Altertum bis heute** haben zu dieser Frage Aussagen gemacht. Dabei hat sich parallel zur gesellschaftlichen Entwicklung auch die Ansicht verändert, was denn die gute Führungspersönlichkeit ausmacht.

Frühere Denkmodelle legten den Blickpunkt auf Führungseigenschaften. So postulierten Platon und Cicero als die vier Haupttugenden Weisheit, Tapferkeit, Besonnenheit und Gerechtigkeit.

Die Frage dabei ist: Welche Eigenschaften **hat** die Führungskraft?

Seit den 30er Jahren des 20. Jahrhunderts trat ein anderer Blickpunkt in den Vordergrund, konzentriert auf die Frage: „Was **tut** eine Führungskraft?" und: „**Welche Auswirkungen** hat dieses Tun auf die zuFührenden?"

Kurt Lewin hat die **drei „klassischen" Typen** an Führungsverhalten in Versuchsanordnungen getestet:

Den autokratischen, den Laissez-faire- und den demokratischen Führungsstil.

Kennzeichen und Auswirkungen dieser drei „klassischen" Führungsstile sind:

▌ Der autokratische, direktive Führungsstil

Die Führungskraft entscheidet selbst, Anordnungen erfolgen Schritt für Schritt, oft auch schriftlich, viele Kontrollen, gibt persönlich Lob oder Kritik, wenig Information, wenig Diskussion.

Bei diesem Führungsstil entstehen häufiger Anpassung und Resignation oder Unzufriedenheit und Aggression, höhere Quantität an Ergebnissen, rasche Ergebnisse, allerdings wird (nur) bei Beaufsichtigung und Druck gearbeitet.

Führungsstile

direktiv autoritär	gewährend laissez faire	beteiligend kooperativ
E. alleine	delegiert alles –	Zeit
Weisungen	laufen lassen	E. qualitätsvoll
keine Disk.	keine Entsch.	Akzeptanz
Keinen Widerspr	resignierend	von Größe
kein Team	(PEB)	Projekte
informiert nicht	keine Kontrolle	Klima
begründet nicht		MA lernen
. . . .		. . . .
Inneres Bild:	Mitgestaltung,	
Ich am besten,	Selbständigkeit	Gemeinsam
anderen nicht zu	Autonomie für Team	geht es besser.
trauen →	pos. Menschenbild	Entw. Klima
E.	Resignation	Koop. Klima

Merkmale der drei klassischen Führungsstile

▌ Der Laissez-faire (gewährende) Führungsstil

Hier stellt die Führungskraft nur benötigtes Material und Informationen zur Verfügung, Minimum an Führung und Einflussnahme, weitestgehende Freiheit für die Mitarbeiter.

Auswirkungen sind im besseren Fall eine kreative Atmosphäre und mittelmäßige Arbeitsergebnisse. Im schlechteren Fall kommt es zur Bildung von Subkulturen, extremen Konflikten und hohen Frustrationen.

▌ Der demokratische (kooperative, partnerschaftliche) Führungsstil

Kennzeichen dieses Führungsstils sind Zielorientierung, guter Informationsfluss, Beteiligung der zu Führenden am Entscheidungsprozess, für gutes Arbeitsklima sorgen, die Führungskraft beteiligt sich an Gruppenaktivitäten. Fördert Mitarbeiter durch Lob und Kritik, Selbständigkeit der Mitarbeiter bei der Umsetzung.

Dieser Führungsstil bewirkt hohe Identifikation mit den Aufgaben, hohe Motivation, akzeptable Quantität und hohe Qualität der Ergebnisse. Die Mitarbeiter arbeiten selbständig, geben auch untereinander Rückmeldungen. Gutes Arbeitsklima, am Anfang sehr zeitintensiv, es geschieht viel Mitarbeiterentwicklung.

Der Vergleich spricht deutlich für den demokratischen Führungsstil. Was aber tun, wenn in Situationen (z. B. dringliche Entscheidung, autonome Projektgruppen) ein anderes Führungsverhalten gefragt ist?

Hier kommt die **situative Führung** zum Tragen (siehe Seite 34)

Literatur: Lewin, K., Lippitt, R., White, R.K.: Patters of aggressive behavior in experimantally created social climates.; Philip G. Zimbardo: Psychologie.

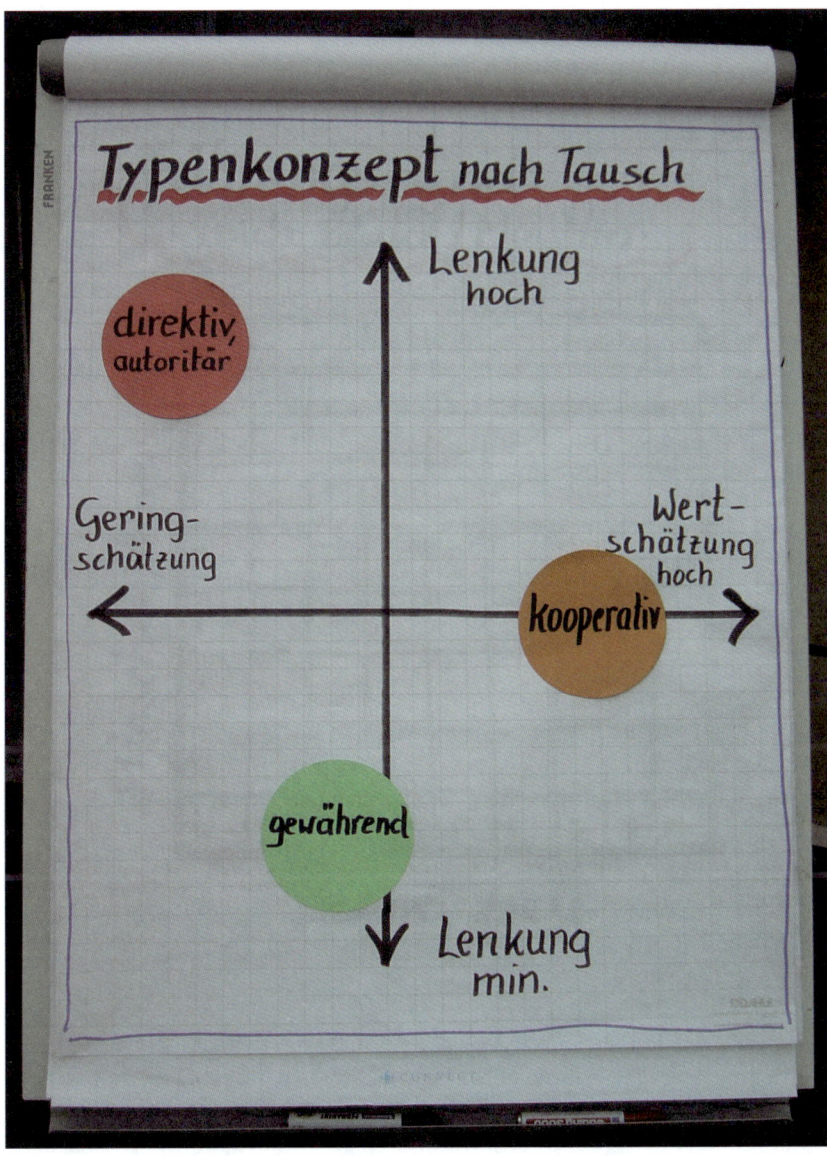

Führungsstile in den Koordinaten Lenkung und Wertschätzung

Mensch oder Sache?

Ein Verhaltensraster mit 9x9 Möglichkeiten

Das Feld des Führungsverhaltens wird durch die zwei Achsen **Aufgabenorientierung (Produktivität)** und **Mitarbeiterorientierung** aufgespannt, sich erstreckend von geringer bis hoher Ausprägung.

Die so entstandenen **9x9 Felder** bilden das von Robert Blake und Jane Mouton entwickelte **Verhaltensgitter** (Managerial-Grid).

Zur besseren Vorstellung und Einordnung der letztlich 81 Möglichkeiten werden **fünf Grundstile** beschrieben: Die vier Eckpunkte des Verhaltensgitters und die Position genau in der Mitte.

▌ **Der Stil 1.1**: Die Führungskraft hat das Interesse verloren.
Vielleicht sitzt sie im PEB (Pensionserwartungsbunker). Im Allgemeinen mäßige Atmosphäre und niedrige Arbeitsleistung.

▌ **Der Stil 1.9**: Die Führungskraft ist beliebt, aber leistungsschwach.
Freundliche Atmosphäre. Harmonie und Geselligkeit der Mitarbeiter hat Priorität vor den Arbeitsergebnissen. Will es allen Recht machen. Geringe Arbeitsleistung.

▌ **Der Stil 9.1**: Die Führungskraft ist leistungsstark und autoritär.
Priorität haben eindeutig die Arbeitsergebnisse. Diese strebt die Führungskraft durch Autorität, strikte Anweisungen und Kontrolle an. Schlechte Arbeitsatmosphäre. Gute Leistung wird gelobt. Entspricht dem klassischen autoritären Führungsstil.

▌ **Der Stil 9.9**: Die Führungskraft sorgt optimal für Leistung und Klima.
Schafft engagierte Mitarbeiter und hohe Arbeitsleistung. Hohe Mitarbeiterbeteiligung und Zufriedenheit. Für die Führungskraft sehr zeit- und energieaufwändig, in dieser extremen Ausprägung auch nicht immer erforderlich.

▌ **Der Stil 5.5**: Führungskraft setzt die eigenen Energien effektiv ein.
Manchmal hilft nur ein Kompromiss, um Mitarbeiterorientierung und Pro-

duktivität unter einen Hut zu bringen. Manchmal hat die Führungskraft ein gut eingespieltes Team und kann sich etwas zurücknehmen und auf den eigenen Energiehaushalt schauen.

Zufriedenstellende bis hohe Leistung und Atmosphäre.

Das Verhaltensgitter ist hervorragend geeignet, das **Führungsverhalten einzuschätzen**. Mit einem Kreuzerl in einem der 81 Felder kann ich mein Selbstbild eintragen. Und genauso mir von anderen Rückmeldung holen oder anderen Rückmeldung geben!

Literatur: Robert R. Balke/Jane S. Mouton: Besser führen mit Grid.

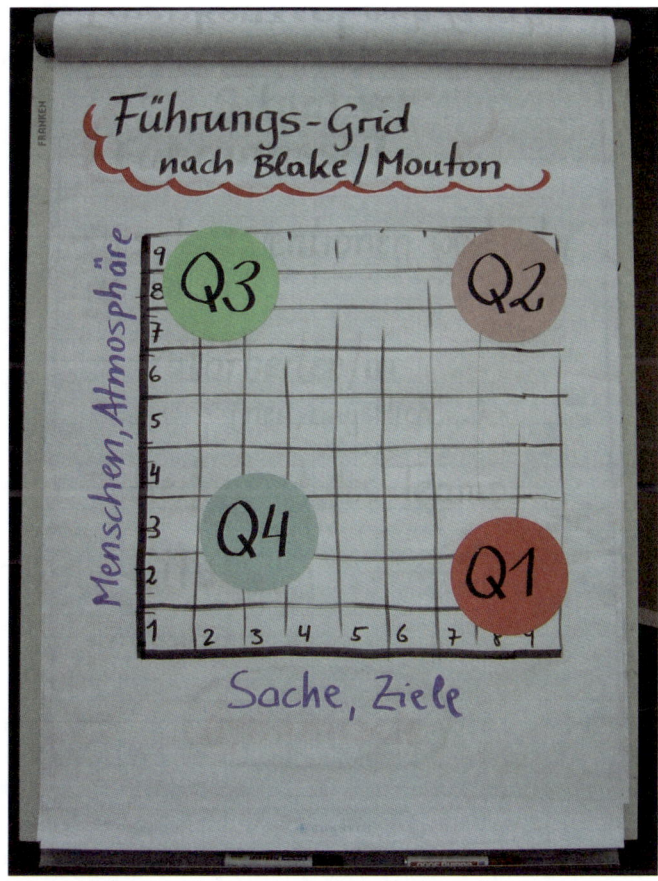

Verhaltensgitter nach R.R. Blake und J.S. Mouton

Flexibel sein im Führungsstil:

Die situativ richtige Führung

Jede Führungskraft bildet einen **persönlichen Führungsstil** aus, der zum eigenen Persönlichkeitstyp passt. Dieser **Hauptstil** fällt der Führungskraft leicht, führt oft zum Erfolg und die Mitarbeiter können sich darauf verlassen.

Aber nur ein Teil der Führungsaufgaben lässt sich mit dem Hauptstil effektiv meistern. Für die anderen Situationen sind Beweglichkeit und Flexibilität im Führungsverhalten angebracht: Mal braucht es die strikte Anweisung, ein anderes Mal das aufmunternde Wort.

Alle Führungslehren beschreiben das flexible Führungsverhalten als Feld, das von zwei Achsen aufgespannt wird. Diese beiden Achsen oder Dimensionen sind:

Die **Aufgabenorientierung** und die **Mitarbeiterorientierung**.

Aufgabenorientiertes (ziel-, leistungsorientiertes) Führungsverhalten ist auf Ergebnisse gerichtet und beachtet:

- klare Ziele setzen
- Arbeitsaufträge geben
- Probleme formulieren
- Aufgaben delegieren
- Tempo, Druck

- auf Qualität achten
- Kritik und Fehler beheben
- Rationalisierungen
- usw.

Mitarbeiterorientiertes (beziehungsorientiertes, sozial-emotionales) Führungsverhalten fördert den Gruppenzusammenhalt und bedeutet:

- Ermutigung
- Achtung und Wertschätzung
- Lob und Anerkennung
- zuhören und einbeziehen
- Vertrauen

- Kontaktbereitschaft
- Gleichbehandlung
- Sorgen für gutes Betriebsklima
- Mitarbeiter fördern und entwickeln
- usw.

Jedes Führungsverhalten besteht aus einem geringen, mittleren oder hohen Anteil an Aufgabenorientierung und einem geringen, mittleren oder hohen Anteil an Mitarbeiterorientierung.

Die effektive Führungskraft führt situativ. Sie verwendet die richtige Mischung aus beiden je nach den Erfordernissen der Situation (Dringlichkeit,

Art der Aufgabe, Reifegrad und Persönlichkeitstyp des einzelnen Mitarbeiters, Entwicklungsstand der Gruppe).

„Beim Führen geht es **um die rechte Mischung** von Anweisung, Beratung und Stärkung der Selbständigkeit der Mitarbeiter."
(Reinhold Dietrich, Der Palast der Geschichten, 2002, S. 119)

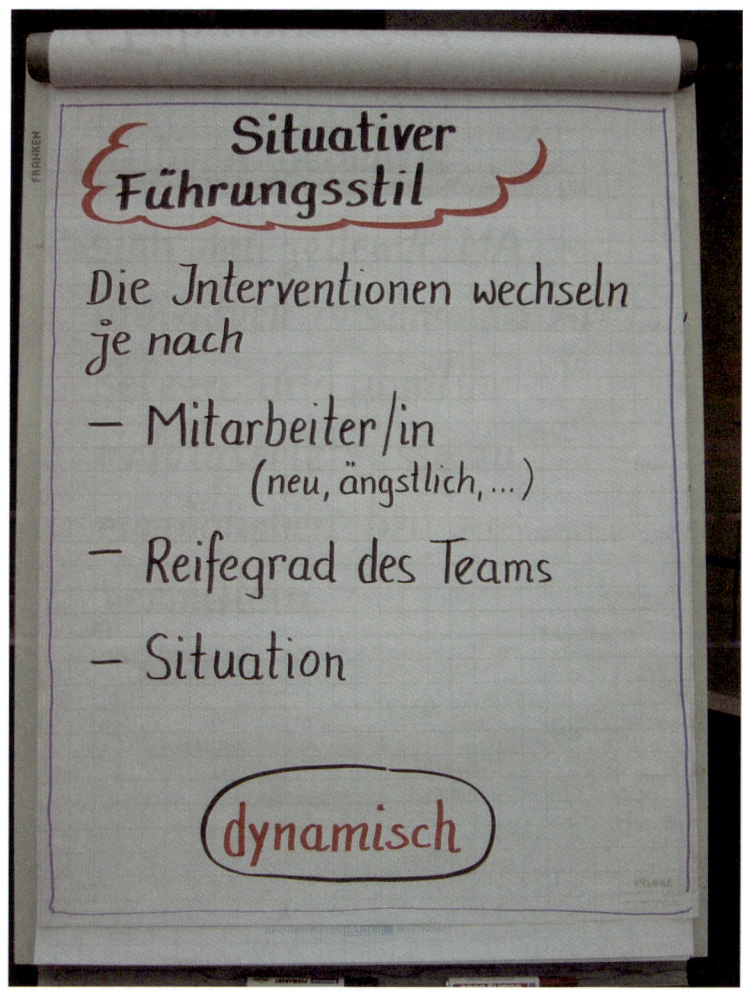

Der situative Führungsstil

Extreme im Führungsverhalten vermeiden!

Das Wertequadrat zeigt den Weg zu einer Kultur des Sowohl-als-auch

Die Beschäftigung mit effektiver Führung zeigt: Führungskräfte sollen durchwegs die Stärken ihres hauptsächlichen Führungsstils für den Normalgebrauch nützen. Aber für bestimme Situationen braucht es die Flexibilität, anders zu agieren. Allgemein drückt das Friedemann Schulz von Thun so aus: Jeder menschliche Persönlichkeitswert (**jede Tugend**, jeder Stil) wirkt sich nur dann konstruktiv aus, wenn dieser Wert durch einen positiven Gegenwert, eine **„Schwesterntugend"**, in Balance gehalten wird. Andernfalls verkommt der Wert zur übertriebenen Entwertung.

Eine Führungskraft mit **Stiltreue** vertraut dem eigenen Führungsstil für all die Situationen, in denen er sich als effektiv erwiesen hat.

Hält die Führungskraft auch in geänderten Situationen starr am gewohnten Stil fest, so verkommt das Führungsverhalten zur **Stilstarrheit**.

Die Flucht aus der Starrheit führt oft ins andere negative Extrem. Man wechselt den Stil bei jeder Gelegenheit, obwohl es nicht notwendig wäre. Diese **Stilfdrift** (Stilchaos) stiftet viel Verwirrung.

Für eine Führungskraft mit zu viel Stilstarrheit ist die positive Entwicklungsrichtung die **Stilflexibilität**.

Der eigene Hauptstil (Stiltreue) wird erweitert durch ein anderes Führungsverhalten, wenn die optimale Anpassung an die Situation es erfordert. Die beiden Werte **„Stiltreue" und „Stilflexibilität" ergänzen einander** positiv.

Für unser Beispiel zeigt das Wertequadrat für ein „starres" Führungsverhalten die förderliche Entwicklungsrichtung an: hin zu mehr Flexibilität. Das Wertequadrat wird zum **Entwicklungsquadrat**.

Es kann für alle Gebiete menschlicher Einstellungen ein aufschlussreiches Aha-Erlebnis bringen:

Zum Beispiel. ist Sparsamkeit ein Wert, der leicht zum Geiz verkommt, wenn er nicht durch Großzügigkeit ergänzt wird. Umgekehrt verkommt Großzügigkeit ohne Sparsamkeit zur Verschwendung.

Zur Konstruktion eines Wertequadrats:

▌ Die obere Linie verbindet zwei positive Werte, die zueinander in einem positiven Spannungs- bzw. Ergänzungsverhältnis stehen („Sowohl-als-auch").
▌ Darunter stehen jeweils die entwertenden Übertreibungen.

▍ Die Diagonalen bezeichnen die konträren Gegensätze zwischen einem Un-
wert (unten) und einem Wert (oben). Sie zeigen die richtige Entwicklungsrichtung an.

▍ Die untere Linie zwischen den Unwerten ist oft ein Fluchtweg von einem
Extrem ins andere.

So wird das Werte- und Entwicklungsquadrat zu einem hilfreichen Werkzeug
der eigenen Weiterentwicklung und für Beratung und Coaching von Mitarbeitern.

Literatur: Friedemann Schulz von Thun: Miteinander reden 2

*Beispiel für ein
Wertequadrat*

Sich selbst und andere besser verstehen

Persönlichkeit im DISG-Modell

Wer andere führen will, muss sich selbst kennen. Denn wer seine Stärken, Schwächen, Vorlieben und Wirkungen kennt, kann sich in unterschiedlichen Situationen für das jeweils wirksame Führungsverhalten **entscheiden**.

Darüber, was mir bewusst ist, kann ich auch verfügen, während ich von dem, was mir nicht bewusst ist, getrieben oder beherrscht werde.

Das Interesse, Persönlichkeitstypen zu beschreiben und zu erkennen, war bereits bei den Griechen ausgeprägt. So unterschieden sie **vier Temperamente**: Choleriker, Sanguiniker, Phlegmatiker und Melancholiker. Goethe schrieb dazu, dass jeder Mensch Teile der vier Temperamente in sich trägt, nur in verschiedenen Mischungsverhältnissen.

Das **DISG-Modell** setzt die Tradition der Lehre über die vier Temperamente fort und geht dabei von den Eigenschaften seelisch gesunder Menschen aus. Wegweisend dafür war das Buch des amerikanischen Psychologen W. M. Marston „Emotions of Normal People". Über mehrere Stationen wurde das DISG-Modell weiterentwickelt und überprüft. So liegt uns heute ein **millionenfach bewährtes**, aussagekräftiges und einfach handhabbares Instrument zur Reflexion und Entwicklung der eigenen Persönlichkeit vor.

Das DISG-Modell kennt **vier grundlegende Persönlichkeitstypen.** Jeder Mensch besitzt Teile aller vier in einem einzigartigen Mischungsverhältnis.

Wie entstehen die **vier Grundtypen**?
Aus empirischen Untersuchungen wird abgeleitet, dass sich das Verhalten unterschiedlicher Menschen auf zwei Koordinaten zurückführen lässt:

Wahrnehmung des Umfeldes (anstrengend oder angenehm) und meine Reaktion darauf (aktiv oder zurückhaltend) bestimmen meine Persönlichkeit

▌ **Wahrnehmung des Umfeldes**
Erlebe ich mein Umfeld (insbesondere andere Menschen) als angenehm und hilfreich oder als anstrengend und stressig?

▌ **Meine Reaktion auf das Umfeld**
Reagiere ich bestimmt und offen, weil ich mich stärker als mein Umfeld fühle, oder reagiere ich zurückhaltend, weil ich mich schwächer als mein Umfeld fühle?

Aus der Kombination der beiden Aspekte entstehen die vier Grundtypen des DISG-Modells: <u>D</u>ominant, <u>I</u>nitiativ, <u>S</u>tetig, <u>G</u>ewissenhaft.

Der **D-Typ** sieht sich in einem stressigen Umfeld diesem gewachsen und will Herausforderungen annehmen, gute und schnelle Ergebnisse erzielen.

Der **I-Typ** entwickelt viele Ideen, möchte andere überzeugen und mitreißen.

Der **S-Typ** ist verlässlicher Mitarbeiter oder Chef in einem berechenbaren und organisierten Umfeld.

Der **G-Typ** überlegt und wägt ab, mag klare Vorgaben und arbeitet dann konsequent auf hohe Standards hin.

Welche Mischung aus den vier Grundtypen bin **ich nun selbst?**

Das Herausfinden des eigenen Persönlichkeitsprofils nach dem DISG-Modell erfolgt über Einschätzbögen. Dabei wird zu verschiedenen Verhaltenstendenzen abgefragt: Was entspricht mir mehr und was weniger?

Literatur: Friedbert Gay: Das DISG Persönlichkeitsprofil; Lothar J. Seiwert/Friedbert Gay: Das neue 1x1 der Persönlichkeit

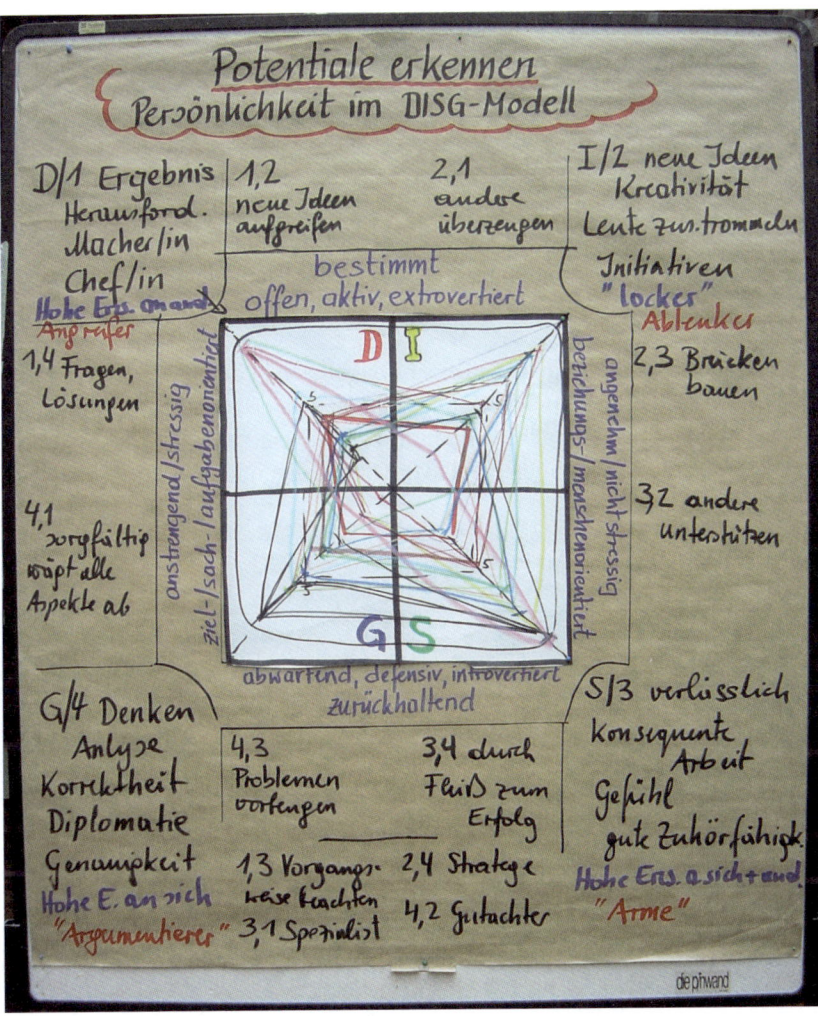

Die DISG-Profile von 20 Teilnehmern in einem Führungsseminar

Wer bin ich?

Ein kleiner Selbstversuch mit dem DISG-Profil

In unseren Seminaren bieten wir den Teilnehmern folgende kleine **Übung zur Selbsteinschätzung**:

1. Die vier Grundausprägungen werden in ihrer Charakteristik geschildert.
2. Jede/r bekommt ein leeres Vier-Felder-Blatt und 100 Punkte und folgende Aufgabe:
3. Verteile die 100 Punkte auf die vier Diagonalen in den Feldern D, I, S und G. Wo du dich laut Beschreibung stärker wiederfindest, vergib entsprechend mehr als 25 Punkte und umgekehrt.
4. Verbinde die Markierungen auf den Diagonalen und dein DISG-Profil ist fertig.

Die Beschreibung der vier Grundtypen

D-Typ	**I-Typ**
Will Herausforderungen annehmen und siegen. Will schnelle Ergebnisse erzielen. Bevorzugt Direktheit und Unabhängigkeit. Ist am liebsten eigener Chef. „Ich weiß, was ich will. und setze mich dafür ein!" Stellt Was-Fragen.	Will andere überzeugen und beeinflussen. Mag neue Ideen und Aufregendes. Steht gerne im Rampenlicht. Offen, gesprächig und gerne mit anderen zusammen. Regt sich leicht über etwas auf. „Ich trommle gerne Leute für neue Aktivitäten zusammen, will aber frei sein von Detailarbeit und Kontrolle." Stellt Wer-Fragen.
G-Typ	**S-Typ**
Will Ärger vermeiden und achtet auf Genauigkeit. Keine Fehler! Bevorzugt klar definierte Erwartungen. Ist eher diplomatisch, wägt Vor- und Nachteile ab. Löst Probleme über Denken und Argumentation. „Ich kann Dinge gut durchdenken und arbeite gern mit Fachleuten zusammen. In emotionsgeladenen Situationen fühle ich mich unwohl." Stellt Warum-Fragen.	Will andere unterstützen und für geordnete Beziehungen sorgen. Ist geduldig und ein guter Zuhörer. Sorgt für Harmonie und ist lieber Mitglied als Leiter. „Ich arbeite gerne mit Menschen zusammen, die miteinander auskommen. Auf mich kann man sich verlassen." Stellt Wie-Fragen.

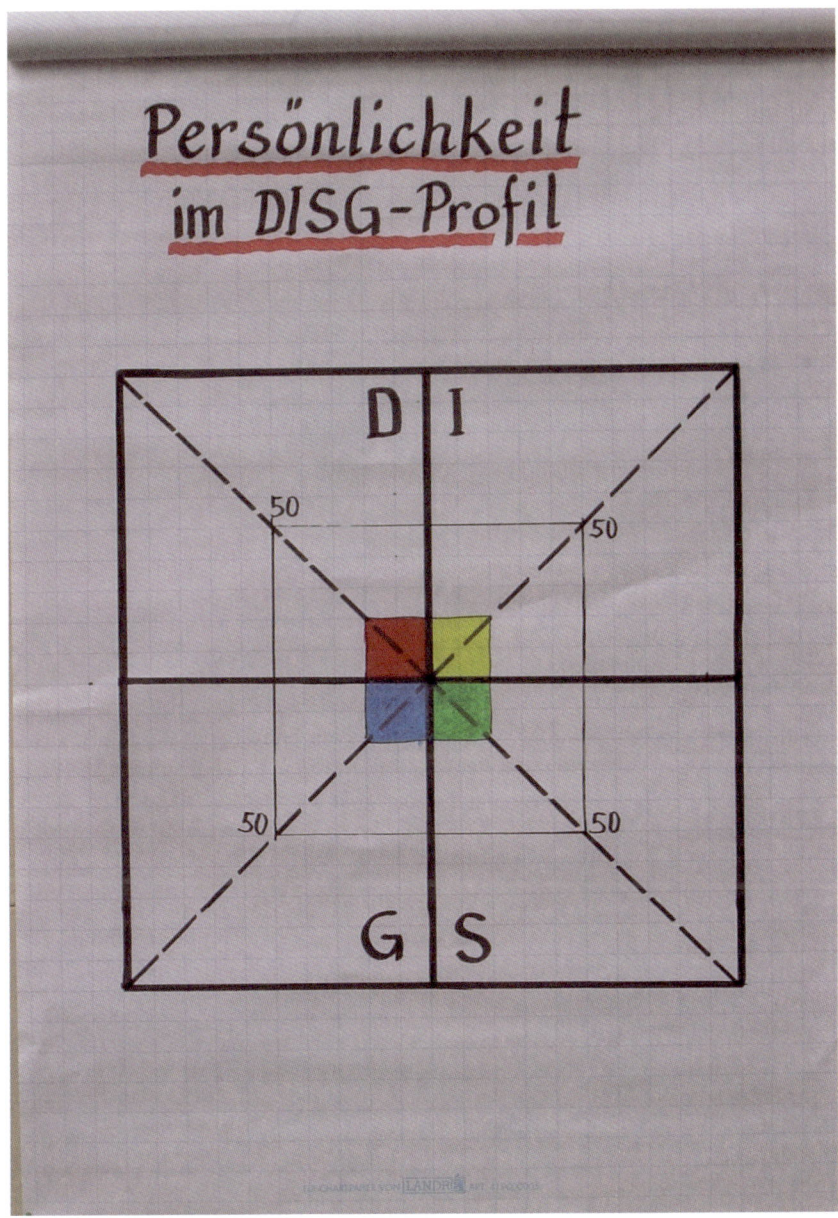

Leeres DISG-Fenster zum Bearbeiten

Nütze deine Stärken und Potenziale!

Die Lehren aus dem DISG-Profil

Forscher, Trainer und Berater, die jahrelang mit Persönlichkeitstypologien wie dem DISG-Modell arbeiten, kommen zu **folgenden Erfahrungswerten**, die jede Führungskraft wissen muss:

▌ **Den idealen Führungstyp gibt es nicht!**

Führungskräfte können stark D (dominant, Macher), I (initiativ, Kontakter), S (stetig, Zusammenarbeit) oder G (gewissenhaft, Denker) sein. Jeder Führungstyp ist dann erfolgreich, wenn er möglichst gut zu den Anforderungen der Situation passt. Für manche Situation oder Firma ist der Macher-Typ ideal, für eine andere Situation oder Firma ist es der verlässliche Zusammenarbeits-Typ.

▌ **Nütze deine Stärken!**

Dort, wo die Ausprägungen hoch sind, liegen die persönlichen Stärken. Aufgaben, die mit den Stärken korrespondieren, gehen leicht von der Hand, hier ist man erfolgreich.

▌ **Kümmere dich nicht allzu sehr um deine Schwächen!**

Wo die Ausprägungen niedrig sind, liegen die Schwächen. Aufgaben in diesem Bereich empfindet man als mühsam. Auch Schwächen auszubügeln ist mühsam. Also: Selbst tun nur, wenn es sein muss, ansonsten ist es besser, sich hier von anderen unterstützen zu lassen.

▌ **Korrigiere Problemzonen!**

Die eigentlichen Problemzonen liegen dort, wo ich der Stärken zu viel habe. Dann nämlich wird der Macher einer, der über alle anderen drüberfährt, der I-Typ baut Luftschlösser, der S-Typ verliert sich vor lauter Harmoniestreben und Nachsicht und der G-Denker wird zum Pedanten. Das macht dann wirklich Probleme, für sich selbst und für das Umfeld.

▌ **Entdecke deine Potenziale!**

Die Gegenüberstellung von Persönlichkeitsprofil und Führungsanforderungen gibt interessante Aufschlüsse über Stress und Potenziale. Wo ich Dinge tun muss (oder glaube, sie tun zu müssen), die meinem Typ nicht entsprechen, entsteht Stress. Wo ich Dinge noch nicht tue, die meinem Typ entsprechen würden, liegen gut aktivierbare Potenziale.

So wird die Beschäftigung mit dem eigenen Persönlichkeitstyp zu einem **Richtungsgeber** für die persönliche Weiterentwicklung.

Erfolgreiche Menschen schaffen es, ihr inneres Potenzial mit den äußeren Anforderungen in Einklang zu bringen.

3. Mitarbeiter auswählen – entwickeln – beteiligen

Bei der Personalauswahl geht es um Entscheidungen mit
langfristiger Wirkung. Erfüllt die neue Person die
Anforderungen und passt sie in den Betrieb?
Entscheidungen aus dem Bauch heraus sind hier riskant – ein Vorgehen,
das sich an den wesentlichen Kriterien orientiert, schafft Klarheit.
Mit dem Eintritt in den Betrieb startet die Mitarbeiterentwicklung.
Sie dauert bis zum letzten Arbeitstag an. Der Königsweg der
Mitarbeiterentwicklung ist das Wachsen an herausfordernden Aufgaben
und, wo erforderlich, mit der nötigen Unterstützung.
Die Freude an der eigenen Leistung ist der beste Motivator.

Für wen soll ich mich entscheiden?

Personalentscheidungen sind anspruchsvoll und folgenreich. Zielgerichtetes Vorgehen hilft, sich richtig zu entscheiden.

Bei einer Personalentscheidung geht es um **Investitionssummen** in der Größenordnung **von mehreren Millionen Euro.** Soviel kostet die neu eingestellte Person in deren weiterem Berufsleben.

Zusätzlich wird damit auch über jahrelange Auswirkungen auf die Effizienz der Arbeit, das Klima in der Abteilung, das Bild der Firma nach außen usw. entschieden.

Bei Personalentscheidungen steht die Firma selbst in der Auslage. Wie wird vorgegangen? Wird mit den Bewerbern fair umgegangen?

Den personalverantwortlichen Praktiker interessiert bei der Auswahl von Mitarbeitern:

- Wer ist dieser Mensch? (Persönlichkeit)
- Was kann die Person? (Ausbildung, Praxis, Fähigkeiten)
- Was will die Person? (Motive, Antrieb, „Drive")
- Warum bewirbt sich die Person um diese Stelle (Hintergrundmotive)?
- Welches zukünftige Arbeits- und Sozialverhalten ist von der Person zu erwarten? Wie passt die Person ins Team? (Prognose)

Kernfrage jeder Personalauswahlentscheidung ist:

Erfüllt die **Eignung** (Fähigkeiten, Antriebskraft) des Bewerbers/der Bewerberin die **Anforderungen** der Stelle?

Die Anforderungen werden mittels der **Stellenbeschreibung** im **Anforderungsprofil** festgelegt, möglichst klar, handhabbar und beobachtbar. Für die Feststellung der Eignung auf Seiten der Bewerber werden **mehrere Quellen** herangezogen (Bewerbungsunterlagen, Hearing, Übungen usw.). Dabei ist für die Auswähler wichtig, dass sie nicht einer **„Maskierung" der Bewerber** nach **eigenen Wahrnehmungsfehlern** auf den Leim gehen.

Strukturiertes Vorgehen bei der Personalauswahl schafft hohe Trefferquoten für richtige Entscheidungen.

Literatur: Wolfgang Jeserich, Mitarbeiter auswählen und fördern.

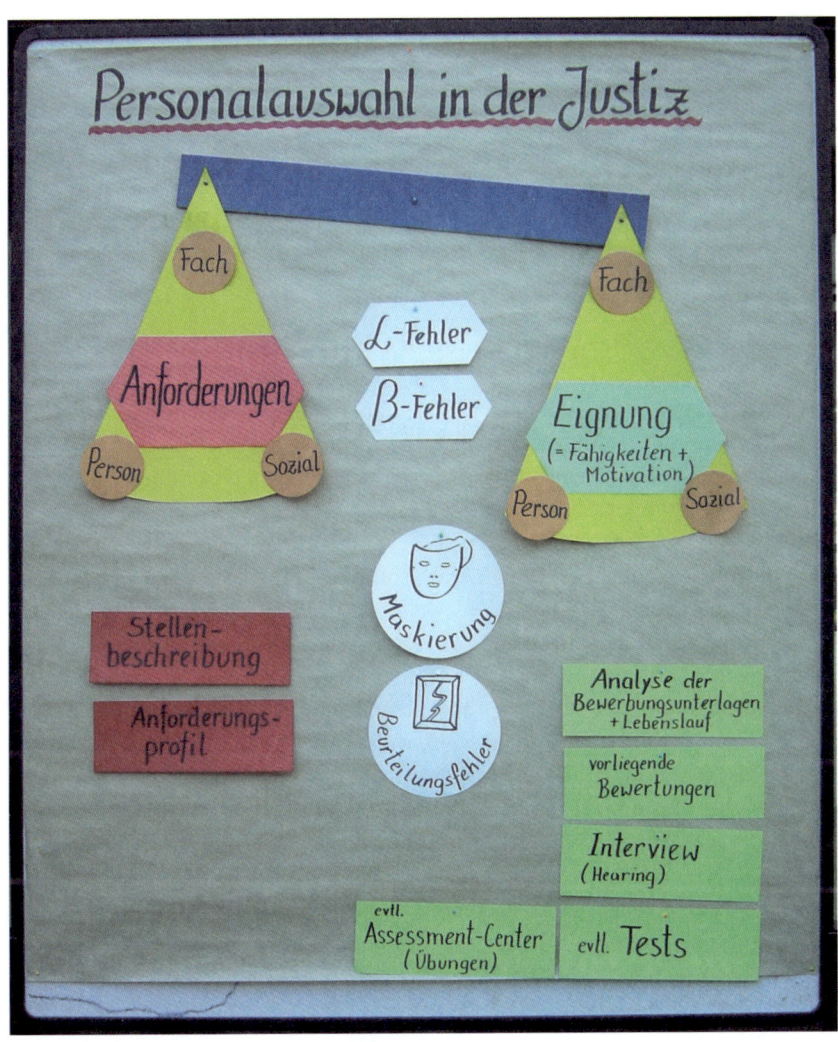

Personalauswahl „wiegt ab", ob die Eignung den Anforderungen entspricht

Gerecht und transparent auswählen

Standardisierung in der Personalauswahl

> „Persönlichkeiten werden nicht durch schöne Reden erkennbar,
> sondern durch Arbeit und Leistung!"
> *Albert Einstein*

Das Bild der Pinn-Wand zeigt die Idee der **Standardisierung in der Personalauswahl:**

▌ Anforderungen werden definiert (im Bild nur schlagwortartig),

▌ ein Maßstab mit Mindestanforderungen wird festgelegt,

▌ Quellen, an denen überprüft wird, ob die Anforderungen erfüllt werden (geeignet?), sind angeführt.

Das Vorgehen bei der Personalauswahl soll den drei wissenschaftlichen **Gütekriterien** genügen:

1. **Objektivität** verlangt nach mehreren Bewerbern (drei bis sieben Personen). „One man´s opinion is no man´s opinion."

2. **Validität** (Gültigkeit) verlangt nach klar formulierten Anforderungen (Anforderungsprofil). „Wer nicht weiß, wohin er/sie will, … .."

3. **Reliabilität** (Verlässlichkeit) verlangt nach mehreren Quellen zur Feststellung der Eignung. „Einmal ist keinmal."

Für die praktische Arbeit werden die Anforderungen noch präziser beschrieben.

Beispiele bei den **fachlichen Kompetenzen:**

▌ Arbeitet effizient, bringt Dinge zum Abschluss (leerer Schreibtisch")

▌ Ist Neuerungen gegenüber aufgeschlossen, bildet sich weiter

▌ Legt präzise formulierte und verständliche Entscheidungen vor

Beispiele bei den **personalen Kompetenzen:**

▌ Überlegt die Folgen des eigenen Tuns

▌ Ist verlässlich und übernimmt selbst Verantwortung

▌ Ist auch bei vermehrtem Arbeitsanfall belastbar

Beispiele bei den **sozialen Kompetenzen**:

▌ Kann gut zuhören und sich mitteilen

▌ Vertritt bei Meinungsverschiedenheiten die eigene Position und argumentiert dafür

▌ Nimmt sich situationsangemessen auch zurück, gute Umgangsformen

Die Praxis zeigt, dass ca. 30 solcher Kriterien für Anforderungen ausreichen und noch gut handhabbar sind.

Literatur: Heinz Knebel, Taschenbuch für Personalbeurteilung.

Jede Anforderung braucht mehrere Quellen, an denen die Eignung sichtbar wird

Personen bewerten und beurteilen

Achtung Beurteilungsfehler! – Jede/r blickt durch die eigene Brille der Wahrnehmung.

Für die Beurteilung von Bewerbern oder Mitarbeitern stehen uns verschiedene Unterlagen, Befunde und Eindrücke zur Verfügung.

Zu den eher **„objektiven" Quellen** zählen Bewerbungsunterlagen, Arbeitsbeurteilungen, praktische Arbeitsergebnisse, Testergebnisse usw.

Eher **„subjektive" Eindrücke** gewinnen wir aus dem Erscheinungsbild einer Person, deren Auftreten, Sprache usw.

Allerdings können wir andere nicht losgelöst von der eigenen Person wahrnehmen. Jeder Beurteiler trägt eine eigene Brille, die die Wahrnehmung verfälscht.

Häufig vorkommende **Wahrnehmungs- bzw. Beurteilungsfehler** können durch folgende Faktoren verursacht sein:

- Auslöser von Sympathie oder Antipathie beeinflussen die Bewertung
- Der Überstrahlungseffekt: Wenn zum Beispiel die eloquente Sprache fachliche Schwächen überstrahlt.
- Mildefehler: Neige ich dazu, prinzipiell positive Bewertungen abzugeben?
- Strengefehler: Neige ich dazu, streng zu bewerten?
- Projektionseffekt: Personen, die sich so verhalten, wie ich es erwarte, bewerte ich besser.
- Welche Bezugsnorm wird gewählt? Bewerte ich eine Person im Vergleich mit anderen (soziale Bezugsnorm) oder bewerte ich nur den individuellen Leistungsfortschritt? Am gerechtesten ist eine kriterienorientierte Bewertung mit einem klar definierten Bewertungsmaßstab.
- Verfälschungen in der Gesamtbewertung, weil der erste Eindruck oder der letzte Eindruck zu prägend waren.
- Stereotype wie „die Lehrer", „die Banker", „die über 40" usw. steuern Wahrnehmung und Bewertung.
- Bei mehreren Bewerbern können leicht Kommissionseffekte auftreten.

Was hilft nun, um richtig und gerecht zu beurteilen?
- Klar beschriebene Kriterien und Bewertungsmaßstäbe
- Beobachtungen einerseits und dazugehörige Bewertungen andererseits vorerst zu trennen
- Ein Stück Selbstreflexion: Welchen Beurteilungsfehlern sitze ich gerne auf?

Sind mir die Beurteilungsfehler bewusst, kann ich sie leichter vermeiden

Bin ich auf dem richtigen Arbeitsplatz?

Die Interessen-Struktur-Analyse zeigt, wie gut Mitarbeiter und Arbeitsplatz zusammenpassen.

Wenn der Eindruck entsteht, dass die Arbeit oft schwer von der Hand geht und die Zusammenarbeit sich dahinschleppt, sucht man nach Erklärungen. Hier hilft oft ein einfaches und anschauliches Instrument: Die Interessen-Struktur-Analyse, auch „Beruflicher Hunger" genannt.

Das Instrument besteht aus vier Skalen:

1. Bedarf („Hunger") nach **Struktur versus** Bedarf („Hunger") nach **Gestaltungsraum**.
   Mit einem Strich wird auf der Skala eingeschätzt, ob ein Mitarbeiter mehr Struktur (geordnete Abläufe, detaillierte Ziele, Zeitvorgaben, Durchführungsbestimmungen usw.) braucht, oder ob ihm Freiräume in der Gestaltung mehr entsprechen (flexible Zeiten, nur Ergebnisse festgelegt, freie Wahl der Durchführung usw.). Den einen stürzt der Freiraum ins Chaos, den anderen würden enge Vorgaben ersticken.

2. Bedarf nach viel **Kontakt versus gerne allein arbeiten**
   Braucht mein Mitarbeiter den Kontakt zu Kollegen und Kunden wie die Luft zum Atmen? Oder ist es eine Person, die am liebsten in Ruhe und alleine ihre Aufgaben erledigt?

3. Bedarf nach **Routine versus** immer wieder etwas **Neues**.
   Viel Sicherheit, Verlässlichkeit und vertraute Routine auf der einen Seite; Abwechslung, neue Aufgaben und Herausforderungen auf der anderen Seite.

4. Bedarf nach **Karriere versus eine klare Mitarbeiteraufgabe**.
   Wünscht sich der Mitarbeiter eine klare Perspektive für den beruflichen Aufstieg oder leistet er am liebsten dort gute Arbeit, wo er gerade ist?

Für ein oftmals sehr **erhellendes Bild** genügen **zwei mal vier Striche**, vier für den Arbeitsplatz und vier für den Mitarbeiter:

▌ Auf derselben Skala auf einem eigenen Blatt werden die Bedingungen des Arbeitsplatzes eingeschätzt.
Wie ausgeprägt sind die Strukturvorgaben im Vergleich zum Freiraum an Gestaltung? Begünstigt dieser Arbeitsplatz Kontakt oder Einzelarbeit? Enthält er viel Routine oder viel Veränderung? Ist er mit hohen Aufstiegschancen verbunden oder auf Dauer angelegt?

▌ Auf derselben Skala auf einem neuen Blatt werden die Bedürfnisse und Interessen („Hunger") des Mitarbeiters eingeschätzt – durch diesen selbst oder von beiden, dem Mitarbeiter und der Führungskraft.

Beim Vergleich der beiden Einschätzungsbilder entstehen treffende Impulse für die Mitarbeiterentwicklung.
Viele Führungskräfte nutzen dieses Instrument zum Coaching oder zur Selbstreflexion.

Literatur: Werner Vogelauer, Methoden-ABC im Coaching

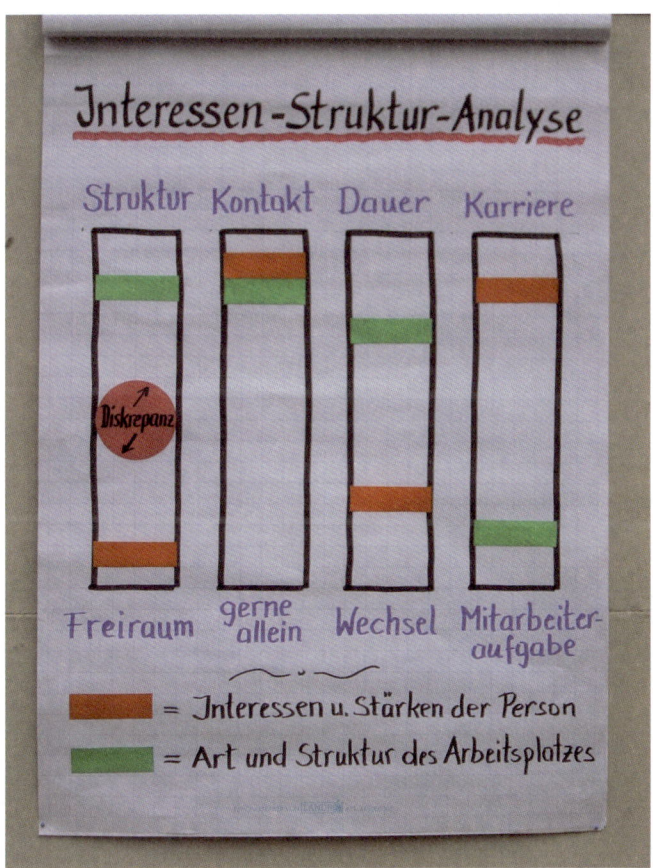

Strukturvergleich: Was der Arbeitsplatz verlangt und was mir liegt

Mitarbeiterführung aus dem FFFF

Ein Regelkreis bringt jedem Mitarbeiter Freude an der eigenen Leistung.

„Leben ist die Lust zu schaffen." [1*]

Die beste Mitarbeiterentwicklung ist das **Wachsen an der eigenen Leistung**. Dabei begleitet die Führungskraft den Mitarbeiter in vier entscheidenden Faktoren:

Fordern – Fördern – Feedback – Freuen

Diese vier Faktoren sind in einem **Regelkreis** angeordnet. Das Fordern gibt einen Sollwert vor. Das Feedback stellt den Istwert fest. Erreicht der Istwert den Sollwert, dürfen sich alle Beteiligten über den Erfolg freuen.

█ Fordern

Am Anfang steht ein **realistisches Ziel**, das der Mitarbeiter mit eigener Anstrengung und ev. einiger Unterstützung selbst erreichen kann. Das Ziel wird gemeinsam erörtert und vereinbart. Damit Zielvereinbarungen Aussicht auf Erfolg haben, müssen einige Faktoren beachtet werden:

– Gibt es eine Verständigung auf gemeinsame Werte (Commitment)?
– Ist das Ziel auf die Werte ausgerichtet, um ausreichend Motivationskraft zu haben?
– Ist der Mitarbeiter Teil einer gut entwickelten Gruppe, damit die unmittelbare Umgebung förderlich und nicht hinderlich wirkt?

█ Fördern

Je nach Entwicklungsstand des Mitarbeiters (Grad an Selbständigkeit) braucht dieser engere Führung mit **mehr Betreuung** und Förderung oder kann **weitgehend selbständig** an der Zielerreichung arbeiten. Dabei sind die Prinzipien des Delegierens (Kompetenz, Handlungsverantwortung und Ressourcen) zu beachten.

---

1   Horst W. Opaschowski: Das Moses-Prinzip. Die 10 Gebote des 21. Jahrhunderts. Gütersloh 2007, S. 25

▌**Feedback** zwischendurch und am Ende.
Mitarbeiter wollen von der Führungskraft wissen, wo sie stehen. Zwischen-
rückmeldungen dienen der Orientierung und, falls nötig, der Korrektur.
Die gemeinsame Auswertung der Ergebnisse **stellt fest, ob die Ziele erreicht**
werden.

▌**Freuen über den Erfolg**
Wer etwas Besonderes leistet, soll das auch selbst erkennen, gesagt bekommen (Lob) und sich daran freuen dürfen. Nichts wirkt motivierender als der
eigene Erfolg. Spaß und Freude gehen oft Hand in Hand. Spaß erleben wir,
wenn etwas lustig ist, leicht und locker von der Hand geht. Freude ist ein
tief in unserem Inneren empfundenes Gefühl von Stimmigkeit, Zufriedenheit
und Genugtuung. Spaß erleben wir auf dem Weg des Tuns, Freude beim
Erreichen des Zieles.
„Freude ist die Belohnung für besonderen Einsatz."

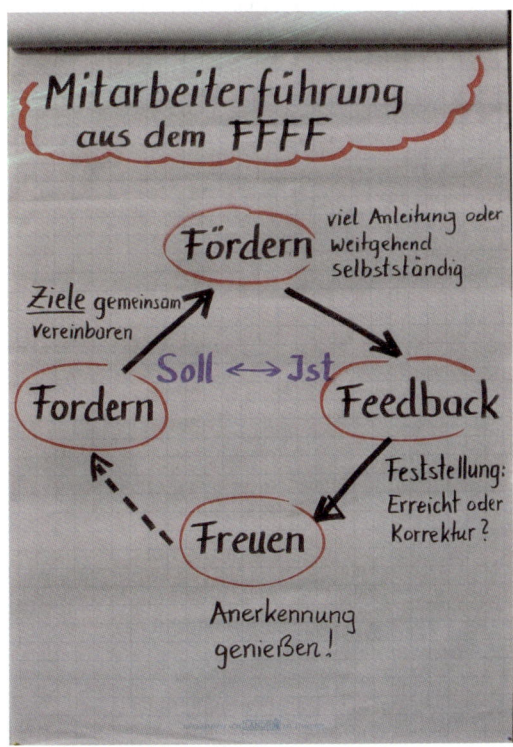

Regelkreis der Mitarbei-
terentwicklung und
Motivation

Delegieren – Die Autobahn zur Mitarbeiterentwicklung

Delegieren bedeutet die **Übertragung von Aufgaben** aus dem Funktionsbereich der Führungskraft auf Mitarbeiter. Delegieren ist nicht ein Abschieben im Sinne von „Arbeit durch andere verrichten zu lassen." Richtiges Delegieren ist ein Übertragen von Aufgaben in geteilter Verantwortung und damit **„andere Personen durch Arbeit entwickeln".**

Delegierte Aufgaben wirken auf Mitarbeiter motivierend und entwicklungsfördernd, wenn folgende Punkte der **Delegationstechnik** beachtet werden:

1. Die Führungskraft **überträgt persönlich** die Aufgaben an einen Mitarbeiter oder ein Team.
2. Die **erforderlichen Informationen** (Was? Wer? Warum? Wie? Womit? Bis wann?) werden mitgeliefert.
3. Die zur Zielerreichung **erforderlichen Kompetenzen**, also Befugnisse und Zugriff auf Ressourcen, werden erteilt.
4. Die zur Umsetzung erforderliche **Handlungsverantwortung** wird übertragen.

Delegierbar sind alle Sachziele und die damit verbundenen Aufgaben, die Mitarbeiter selbst umsetzen können.

Nicht delegierbar sind Führungsaufgaben wie Ziele vereinbaren, Hauptprozesse steuern, Erfolge überprüfen, loben, Kritik üben, Mitarbeiter entwickeln und beurteilen.

Die wichtigsten **Vorteile guten Delegierens** sind:

❙ Führungskräfte erfahren spürbare Entlastung bei Routine-, Detail- und Spezialistenaufgaben. Sie gewinnen Zeit für die wichtige Aufgabe der Mitarbeiterführung und -entwicklung.
❙ Die Aufgaben werden rasch, kompetent, an der richtigen Stelle und damit meist kostengünstiger ausgeführt.
❙ Mitarbeiter haben ihr eigenes selbstverantwortliches Aufgabengebiet. Sie werden systematisch an höherwertige Aufgaben herangeführt, gefördert und weiterentwickelt.
Das motiviert!

Richtig delegieren

Punktgenaue Mitarbeiterentwicklung

Das Reifegradmodell von Kenneth Blanchard und Paul Hersey berücksichtigt den Entwicklungsstand der Mitarbeiter

„Potentiell sind alle Menschen Spitzenkönner – man muss nur herausfinden, wo sie gerade stehen, und ihnen von dort aus weiterhelfen."[2]

Hier wird die **Entwicklungsstufe** (der Reifegrad) von Mitarbeitern mit dem **situativ richtigen Führungsverhalten** in Verbindung gebracht.

Der erste Schritt besteht darin, festzustellen, auf welcher Entwicklungsstufe mein Mitarbeiter steht. **Vier Stufen** werden unterschieden:

▎ **Entwicklungsstufe 1:** Engagement und Motivation sind hoch, aber es fehlt (noch) an Wissen, Fähigkeiten und Erfahrung. Auf dieser Stufe stehen vor allem neue Mitarbeiter.

▎ **Entwicklungsstufe 2**: Es sind bereits durchschnittliche Kompetenzen vorhanden, aber es fehlt an Motivation und Einsatz. Diese Stufe ist typisch für Krisensituationen, z. B. nach einem euphorischen Start am neuen Arbeitsplatz oder bei raschen Veränderungen. Auf dieser Stufe kann ein Mitarbeiter zu Dauerfrust erstarren. Gekonnte Führung hilft darüber hinweg.

▎ **Entwicklungsstufe 3:** Die Kompetenz ist hoch, das Engagement jedoch schwankend. Manchmal fehlen Selbstvertrauen oder Motivation. Hier braucht der Mitarbeiter Stabilisierung, weil z. B. die bisherige Entwicklung zu rasch erfolgt oder laufend Unterforderung oder Überforderung bestehen.

▎ **Entwicklungsstufe 4:** Voll entwickelte Mitarbeiter besitzen hohe Kompetenz und hohes Engagement. Der Führungseinsatz auf den ersten drei Stufen hat sich gelohnt und trägt Früchte.

---

2   Kenneth Blanchard / Patricia Zigarmi / Drea Zigarmi: Der MinutenManager: Führungsstile. Reinbek bei Hamburg 2002 (rororo), S. 55

Entwicklungsstufen von Mitarbeitern und angemessenes Führungsverhalten

Folgende Fragen helfen zur **Einschätzung der Entwicklungsstufe**:

In der **Kompetenz** des Mitarbeiters:
- Kann er berufliche Aufgaben eigenständig lösen?
- Ist Fachwissen ausreichend vorhanden oder noch aufzuholen?
- Kann er sich fehlende Informationen selbständig holen?

Beim **Engagement** des Mitarbeiters:
- Wie belastbar ist er?
- Wie ist der Antrieb zur Leistung?
- Wie ist das Zugehen auf neue Aufgaben?
- Wie hoch ist die Bereitschaft, Verantwortung zu übernehmen?

Wenn ich die Entwicklungsstufe eines Mitarbeiters festgestellt habe, kann ich den **angemessenen Führungsstil wählen**.

Für die Entwicklungsstufe 1 ist der angemessene Führungsstil das „**Dirigieren**": viel Lenkung und Überwachung, die Aufgaben beschreiben, das Vorgehen festlegen und die Ergebnisse kontrollieren.

Für die Entwicklungsstufe 2: „**Trainieren**", d. h. immer noch viel Lenkung und Überwachung, aber zusätzlich Unterstützung und Lob, um Selbstvertrauen aufzubauen. An Entscheidungen beteiligen, um Engagement herzustellen.

Für die Entwicklungsstufe 3: „**Sekundieren**" (Unterstützen). Hier brauche ich nicht viel Lenkung, wohl aber Unterstützung, um Motivation und Selbstvertrauen zu stützen.

Für die Entwicklungsstufe 4: „**Delegieren**". Hier arbeiten Mitarbeiter sehr selbständig. Als Führungskraft kann ich mich weitgehend heraushalten und mich freuen.

Führen setzt Ziele voraus. Das wird beim Führen nach dem Reifegradmodell besonders sichtbar. Ziele lenken die Tätigkeit des Mitarbeiters von Anfang an in die gewünschte Richtung. Sie lassen die Führungskraft erkennen, inwieweit Kompetenz und Engagement des Mitarbeiters stimmen, um gute Leistungen zu erbringen. Davon leitet sich das angemessene Führungsverhalten ab.

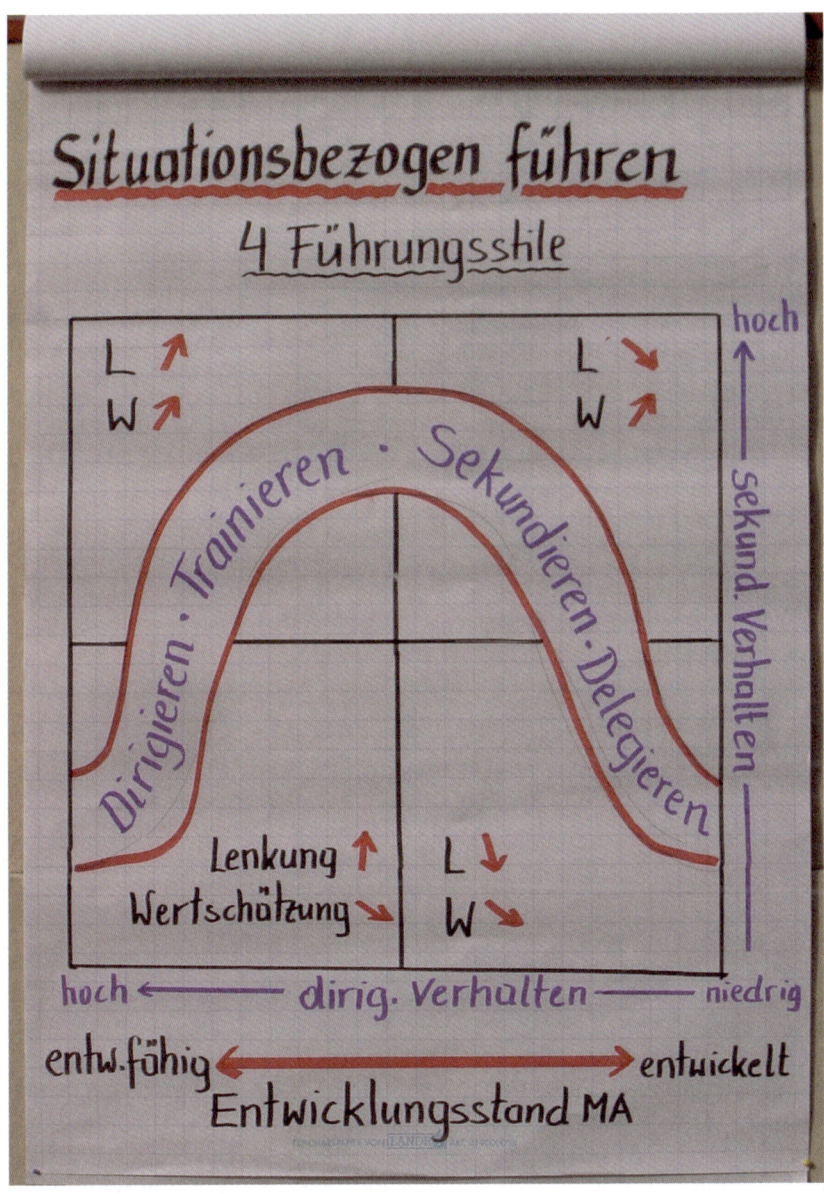

Die vier Führungsstile für situationsbezogenes Führen

Keine leeren Kilometer!

Wo Zuwendung und wo Abgrenzung angebracht sind

> „Der Klügere gibt so lange nach, bis er der Dumme ist!"
> *Volksweisheit*

Im vorangegangenen Kapitel wurde beschrieben, wie alle Mitarbeiter gefördert werden können, wenn ich die Entwicklungsstufe als Ausgangspunkt kenne und das angemessene Führungsverhalten praktiziere.
Angemessen ist mein Führungsverhalten dann, wenn

▌ es zum Entwicklungsstand des Mitarbeiters passt (Komponente der Situation) und

▌ für mich Einsatz und Ergebnis in einem positiven Verhältnis stehen (Komponente der Effizienz).

Unser Bild teilt den Entwicklungsstand des Mitarbeiters wieder in die zwei Bereiche **„Kompetenz"** und **„Engagement"**. In jedem Bereich gibt es drei Ausprägungsgrade: gering, mittel/schwankend und hoch.
Daraus entstehen die **Felder 1 bis 9** und für jedes Feld lässt sich wiederum das angemessene Führungsverhalten anführen.

In den meisten Fällen bin ich als Führungskraft mit diesem differenzierten Vorgehen in der Entwicklung von Mitarbeitern erfolgreich.

Aber was mache ich, wenn ich **an Grenzen stoße** und ich eher Rückschritte als Fortschritte in der Entwicklung eines Mitarbeiters beobachte?

Es wäre ein Fehler hier, nach der Devise vorzugehen:
   „Das Rad, das am meisten quietscht, wird am besten geschmiert." Einem Mitarbeiter mit wenig Kompetenz und geringem Engagement darf ich nicht ewig Förderung und Unterstützung nachtragen. Das verschleißt nur meine Kräfte und bewirkt beim Mitarbeiter keine Veränderung.

Nach Versuchen positiver Entwicklungsförderung müssen Führungskräfte sich auch trauen, **klare Grenzen zu ziehen**.

Wenn ein hoch kompetenter Mitarbeiter auf Dauer jegliches Engagement vermissen lässt, ist die „gelbe Karte" fällig. Die Verwarnung wird in einem Kritikgespräch dargelegt.

Wenn sich Kompetenz und Engagement über längere Zeit in einem geringen bis mittleren/schwankenden Niveau bewegen, ist es Zeit für eine Abmahnung mit dem Aufzeigen der Konsequenzen.

Für geringe Kompetenz gepaart mit geringem Engagement gibt es kein Verständnis, Trennung in Form von Kündigung oder Versetzung sind die Folgen.

Als Führungskraft muss ich auch in der Lage sein, klare Grenzen zu setzen – dies nicht nur aus wirtschaftlichen Gründen und wegen der eigenen Belastbarkeit, sondern auch, weil alle anderen Mitarbeiter sich das erwarten.

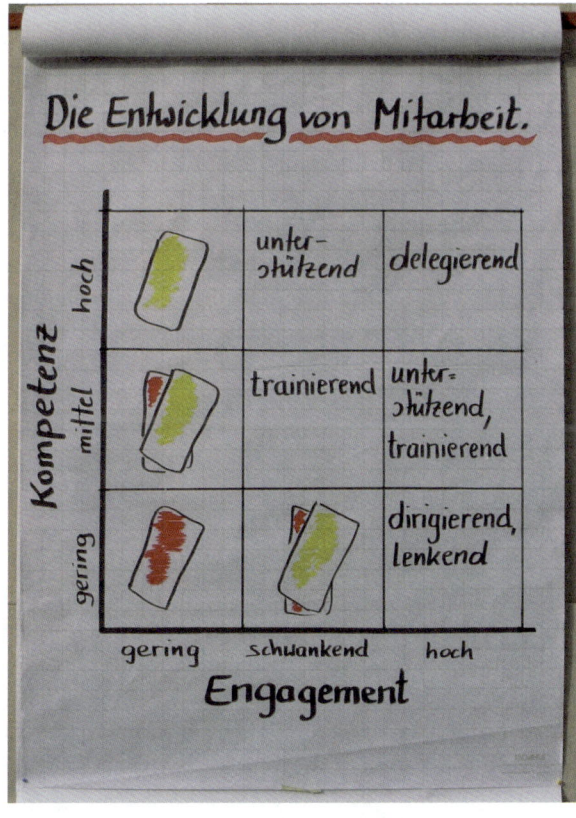

Gelbe und rote Karte
zeigen

Feedback geben

Ohne Feedback „verhungern" Mitarbeiter

Feedback ist Führungsaufgabe.
Beim richtigen Feedback sage ich einer Person, was ich gesehen habe und wie ihr Handeln und Verhalten auf mich wirkt. Mitarbeiter brauchen diese Rückmeldung wie einen Bissen Brot, denn sie gibt ihnen Orientierung über ihr Handeln und ihre Leistungen.

Ein Beispiel:
Führungskraft zur Mitarbeiterin Frau Maier:
„Frau Maier, vor einem Monat habe ich Ihnen die Aufgabe übertragen, unseren Neuzugang Herrn Müller einzuschulen. Ich möchte Ihnen heute rückmelden, wie gut Ihnen das gelungen ist. …

Ich habe gesehen, dass Sie gleich am ersten Tag einen Plan mit den Einschulungsthemen gemacht haben. Sie haben dann jeden Morgen die Arbeit des Tages mit Herrn Müller durchgesprochen. …

Ich konnte feststellen, dass Herr Müller inzwischen den Großteil seiner Aufgaben selbständig erledigt."

(Bisher beschreibendes Feedback, nun wertendes Feedback:)
„Sie haben Herrn Müller sehr erfolgreich eingeschult. Ich freue mich, dass das so gut gelungen ist, und danke Ihnen sehr dafür."

Feedback enthält nicht nur Erfreuliches und Bestätigendes, auch Kritisches und Verbesserbares kann enthalten sein. Aber bitte beides nicht vermengen!

Sicherheit beim Feedback geben **folgende Regeln**:
Beim Geben von Feedback

❚ Viel an Beschreibung, was Mitarbeiter konkret sagt und tut.

❚ Bewertung nur so viel, wie es für die Situation passend ist.

❚ Viel Konkretes, damit der Mitarbeiter mit der Rückmeldung etwas anfangen kann.

❚ Behutsam und angemessen, damit der Mitarbeiter es annehmen und auf sich wirken lassen kann.

❚ Zur rechten Zeit, wenn möglich sofort und in der richtigen Situation.

❚ Persönlich, damit es die Brücke zwischen Führungskraft und Mitarbeiter stärkt.

Beim Annehmen von Feedback:

❚ Zuhören, eventuell nachfragen, sich nicht verteidigen.

❚ Feedback als Geschenk sehen, denn der andere hat sich mit mir auseinandergesetzt.

So wird **Feedback zu einer Chance** für Klärung, Unterstützung, Stärkung, Korrektur und Lernen, also zu Entwicklung.

Feedback geben

Selbstwert

Sich selbst als wertvoll erleben dürfen

Der **Selbstwer**t ist die Qualität der Gefühle und Vorstellungen, die ich über mich selbst habe. Das Selbstwertgefühl prägt die Einstellung zu mir und zu anderen und beeinflusst damit jede Kommunikation und Zusammenarbeit.

Den Selbstwert kann man sich wie **zwei Gefäße** vorstellen: Auf dem einen steht „Glück" und auf dem andern „Leid". Bei jedem positiven Erlebnis tropft etwas ins Glücksgefäß, bei jeder Enttäuschung oder Kränkung ins Leidgefäß. Die Bilanz aus beiden ist jeder Person schnell anzumerken. Führungskräfte wollen für sich und ihre Mitarbeiter eine hohe Positivbilanz beim Selbstwert.

Das Selbstwertgefühl wird **aus fünf Quellen** gespeist:

1. Erfolg. Bei Erfolgserlebnissen tropft es ins Glücksgefäß, bei Misserfolgser- lebnissen ins Leidgefäß.
2. Das Verhältnis von Mächtigkeit zu Ohnmacht. Mächtig sein meint, ich habe Kontrolle über mein Handeln, kann mir selbst helfen, kann etwas bewirken, kann mitentscheiden usw. Ohnmacht meint, hilflos und ohne Wirkung zu sein.
3. Wertschätzung sich selbst gegenüber und durch andere ist eine gute Ener- giequelle für den Selbstwert. Herabwürdigung fließt hingegen ins Leidge- fäß.
4. Werde ich grundsätzlich so akzeptiert, wie ich bin? – Mit meinem Alter, als Frau/als Mann, mit meiner Figur, meinem Beruf usw.
5. Wertbezug. Darf ich in meiner Arbeit so handeln, wie es meinen Wertvor- stellungen entspricht, oder muss ich mich oft gegen meine Überzeugungen verhalten?

Auf jedem Arbeitsplatz tropft es stetig in die Selbstwertgefäße. Aber in wel- ches? Und in welchem Verhältnis? Wer jetzt an 1:1 (Glück : Leid) denkt, liegt weit daneben. Unser Organismus reagiert auf Gefahr und Leid deutlich stärker als auf Chancen und Glück.

Erst bei einem **Glück : Leid-Verhältnis von 5:1** bilanzieren wir ausgeglichen (Gottman-Konstante) Erst danach wird der Selbstwert gestärkt.

Literatur: GEO (12/2002) „Die Logik der Liebe"; GEO (10/2006) „Die Kraft der Zuversicht".

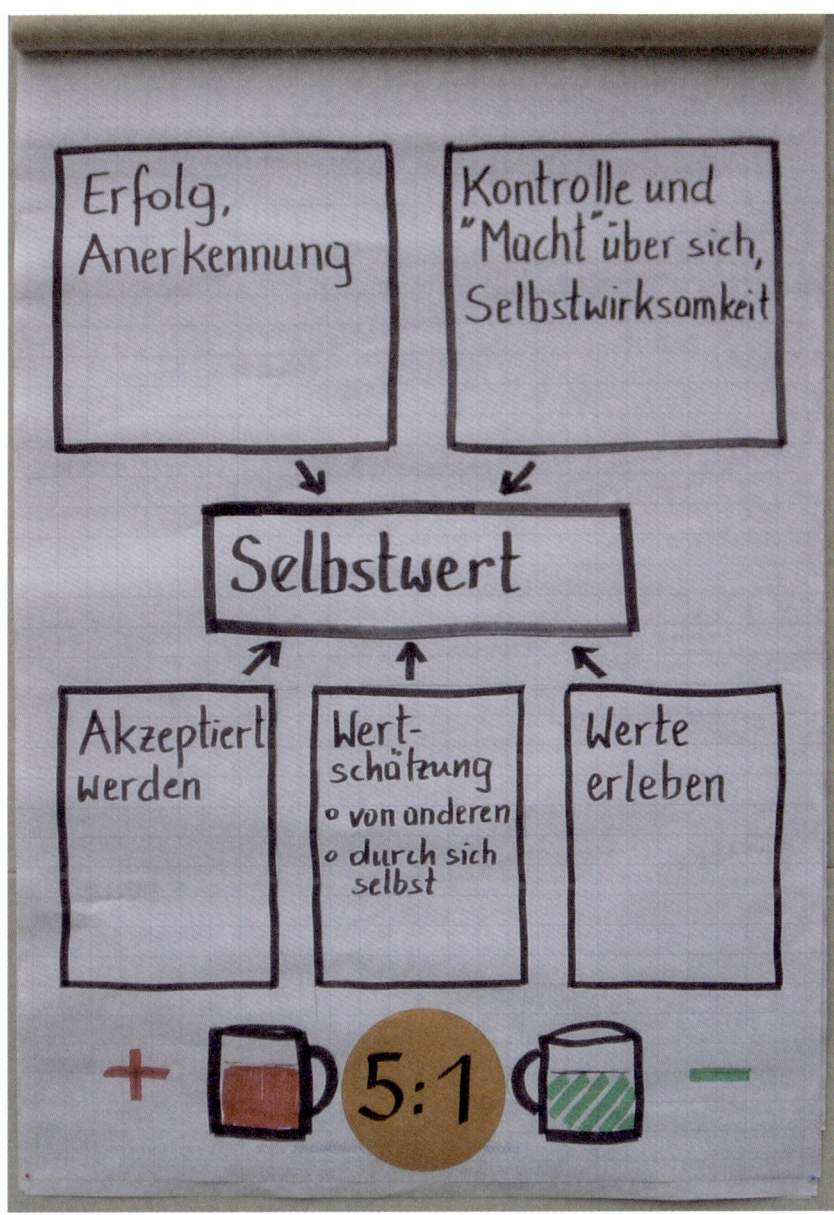

Wie Selbstwert entsteht

4. Teamentwicklung

**Die besondere Kraft der Gruppe/ des Teams
ensteht durch das dynamische
Zusammenwirken von Menschen
unterschiedlichen Zuschnitts.
Kluge Führungskräfte nutzen Unterschiede
und unterstützen den Prozess der
Teamentwicklung.
„Wer alleine arbeitet, addiert. Wer
zusammenarbeitet, potenziert!"**

Worum geht es in einem Team?

Das Ganze ist mehr als die Summe der Einzelteile.
Aristoteles

Teamarbeit folgt der Überzeugung und der Erfahrung, dass das **geglückte Zusammenwirken** von mehreren Personen bessere Ergebnisse und zufriedenere Mitarbeiter bringt. Die Unterschiede zwischen den Teammitgliedern werden als Bereicherung geschätzt, das Zusammenspiel erzeugt eine **Dynamik und Kraft**, die Einzelne nie erreichen könnten.

Hochmotivierte und leistungsfähige Teams fallen nicht vom Himmel. Dafür müssen Sie als Führungskraft etwas investieren:

Auf der **Ebene der Sachkompetenz:**
❚ Gemeinsame, erreichbare Ziele entwickeln
❚ Klare Arbeits- und Rollenaufteilung festlegen
❚ Rasch Wissens- und Informationsstand angleichen
❚ Spezifische Arbeitsformen und -abläufe koordinieren

Auf der **Ebene der personalen Kompetenz:**
❚ Die Stärken des Einzelnen erkennen und nutzen
❚ Persönliche Interessen zugunsten des Gesamtziels zurücknehmen
❚ Reflexion der Arbeitsleistung und des Beitrags für das Team
❚ Die Akzeptanz des Einzelnen unterstützen
❚ Persönlichkeitsentwicklung fördern

Auf der **Ebene der sozialen Kompetenz:**
❚ Teamfähigkeit erlernen und vertiefen
❚ Teammitglieder als gleichwertige Partner anerkennen
❚ gegenseitig helfen und motivieren
❚ Unterlagen jederzeit austauschen und zur Verfügung stellen
❚ Zum guten Arbeitsklima beitragen
❚ Konstruktive Rückmeldekultur entwickeln
❚ Problemlösungen erarbeiten

Was für die **Motivation** gilt (Eisbergmodell), gilt auch für die Teamentwicklung: Die Teamleistung hat ihren Nährboden auf der personalen und sozialen Ebene. Investitionen in die Entwicklung des einzelnen Mitarbeiters/der einzelnen Mitarbeiterin und in den reifen sozialen Umgang miteinander rechnen sich in den Unternehmensergebnissen. Arbeitsklima und Wertschätzung sind kein **„quick win",** aber die Basis für den wirtschaftlichen Erfolg.

Literatur: Krüger Wolfgang, Teams führen

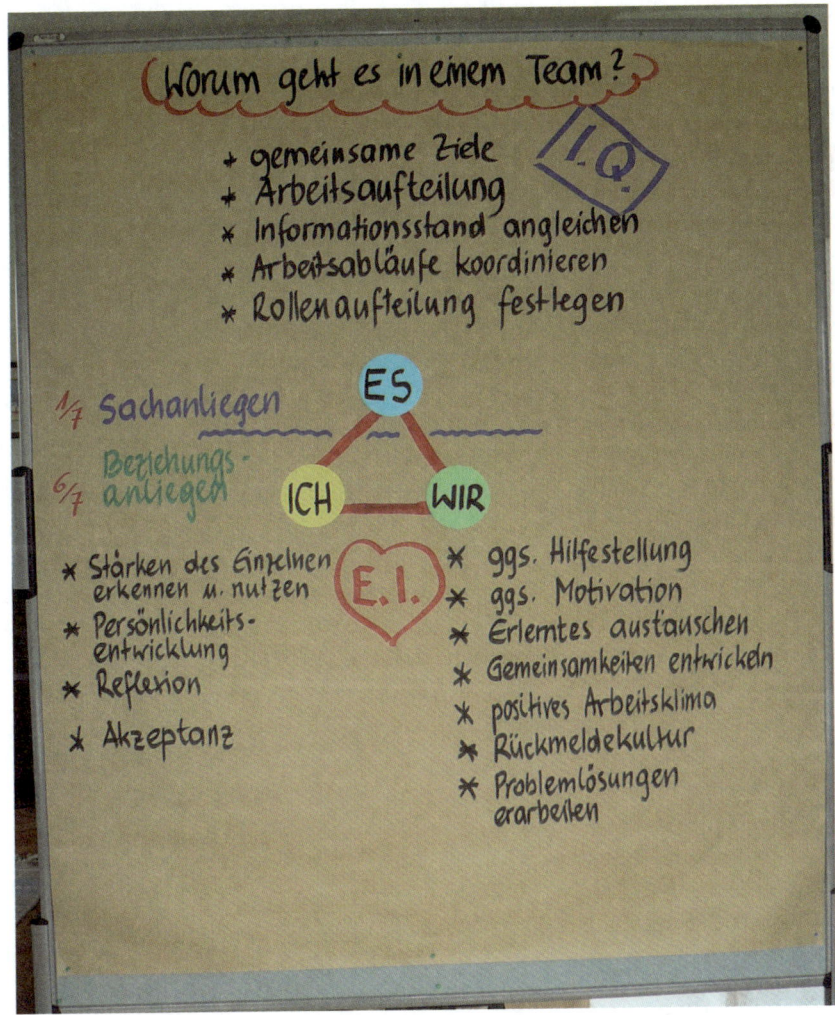

Emotionale Intelligenz und I.Q.

„Toll ein anderer macht's!"

Dynamik und Entwicklung von Teams

Von Gruppen sprechen wir überall dort, wo Menschen **dauerhaft** miteinander in Kontakt kommen und Beziehungsmuster aufbauen. Neben eingeteilten Arbeitsgruppen entstehen Gruppen auch ohne das Zutun von Führungskräften. Im **Informellen**. Folgende Merkmale sind gesetzmäßig:

▍ Gruppen haben **Ziele.**

▍ Gruppen entwickeln gruppenspezifische **Normen**, was man darf und was man nicht darf. Diese Verhaltensvorschriften werden durch **Sanktionen** abgesichert.

▍ Gruppen entwickeln **Strukturen**. Unausgesprochen laufen **Kommunikation**skontakte, **Sympathie**bezeugungen, **Erwartung**shaltungen an das einzelne Gruppenmitglied und **Macht**befugnis nach festen Mustern ab. Egalitäre Gruppen gibt es nicht.

▍ Gruppen bilden **Rollen** aus. Es gibt in jeder Gruppe Personen, die
✓ sich um Sachen und Ziele (**Aufgabenrollen**),
✓ sich um die Stimmung, das Klima und die Beziehung (**sozial-emotionale Rollen**) kümmern
✓ und solche, die aufpassen, dass die anderen nicht übers Ziel hinausschießen und die Gruppe sich nicht gefährdet (**gruppenbremsende** Rollen).

▍ Gruppen entwickeln eine spezifische **Dynamik**. Diese Dynamik entwickelt sich aus der **Spannung** zwischen den verschiedenen Positionen in der Gruppe:
✓ Personen mit **Führungsanspruch** (Alpha, Macher, Entscheider, Führer, Mover, der Dominante, Angreifer),
✓ Personen mit **Fachwissen** (Beta, Experte, Entdecker, Berater, Initiative, Ideengeber, Bystand),
✓ Personen, die **Mitmachen** (Gamma, Anpasser, Unterstützer, Bewahrer, Ausführer, Stetige, Follower) und solche, die eine
✓ **kritische Position** einnehmen (Omega, Kritiker, Analysierer, Gewissenhafte, Opposer).

Alle **vier Spieler** haben im System eine wichtige Rolle inne: Der Kritiker achtet drauf, dass der Mover nicht ungebremst übers Ziel hinausschießt, Experten unterstützen im Regelfall die Alpha-Position und die Gammas wollen Frieden und unterstützen die Führung. Im Konfliktfall übernimmt der Experte die Führung oder es setzt sich Omega durch. Gamma leidet unter der Unklarheit und dem Loyalitätsproblem.

Teams sind besondere Gruppen. Sie werden meist für besondere Aufgaben und Ziele und abteilungsübergreifend zusammengestellt. Von Teammitgliedern werden besondere Verhaltensweisen erwartet, wird die Bereitschaft zu intensiver Zusammenarbeit vorausgesetzt und die gemeinschaftliche Gesamtleistung in den Vordergrund gestellt.

Literatur: Walter Simon, Führung und Zusammenarbeit

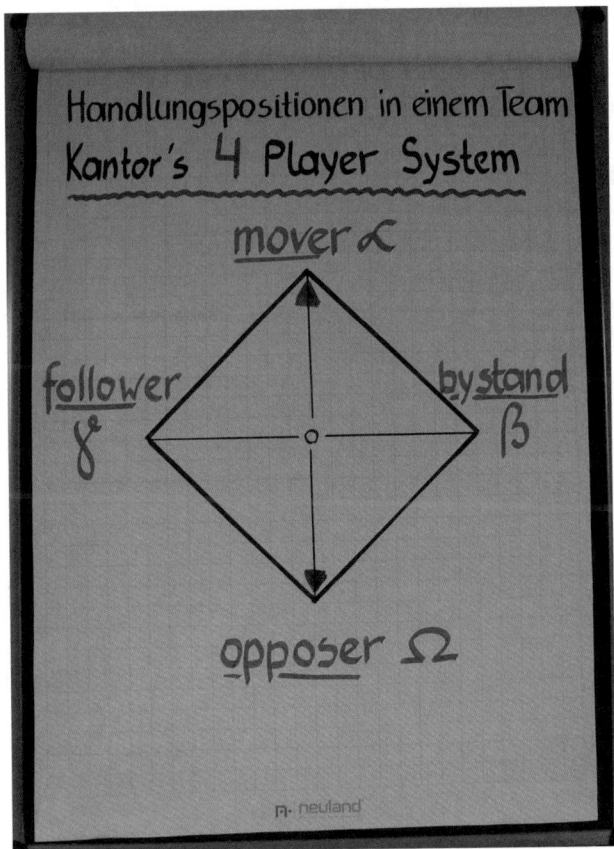

Alle Rollen sind wichtige Teile eines Teams.

Wo gehobelt wird, fliegen Späne.

Teamentwicklung

Teams unterscheiden sich in der Praxis in

- **Größe** (um alle personalen Potenziale zu repräsentieren, sollte das Team wenigsten **fünf,** aber um arbeitsfähig zu bleiben höchstens **elf** Personen umfassen),
- **Dauer** der Zusammenarbeit (z. B. befristet als Projektteam),
- **Aufgabenstellung** (Entwicklung , Krisenintervention),
- **Branche**nzugehörigkeit (Banken, Industrie bis zur Erwachsenenbildung) und
- **Hierarchieebene** (Produktion, Führungsteam).

Ungeachtet aller Unterschiede haben die Fragen der **Beziehung** der Mitarbeiter zueinander größte Bedeutung. Teams sind erst arbeitsfähig, wenn es eine **solide Basis für Zusammenarbeit** gibt.

Die Schaffung eines Teams ist wie Kinder kriegen:

Es genügt nicht, Teams einfach ins Leben zu rufen, sie müssen in ihrer **Entwicklung gefördert** werden.

Das braucht Zeit und Ressourcen. Investitionen in die Teamentwicklung haben eine hohe Rendite.

Gruppen und Teams durchlaufen gesetzmäßig bestimmte **Entwicklungsphasen,** die unterschiedlich intensiv ausgeprägt sein können. Aber um erfolgreich und produktiv arbeiten zu können, kann dieser Prozess nicht durch das „Auslassen" oder „Überspringen" von Entwicklungsstufen (Wie wär's mit der Pubertät?) beschleunigt werden.

Die **Teamentwicklungsuhr** (nach Tuckman)

1. Orientierungsphase (forming)

Das ist eine typische Anfangssituation. Für alle ist vieles neu. Alle haben viele Fragen im Kopf: Wer sind die anderen? Was genau ist unsere Aufgabe? Werde ich den Anforderungen genügen? Wie geht es hier zu? Was wird von mir erwartet? Das erzeugt einerseits Neugier und Spannung, aber auch Unsicherheit und Ängste. Das Bedürfnis nach **Kontakt** und **Sicherheit** kann durch **Kennenlernen** und **Akzeptanz** bedient werden.

In dieser Phase tasten die Mitarbeiter einander ab, um **Orientierung** zu gewinnen, wie die eigene Position ist. Dabei sind sie mit sich selbst beschäftigt. Für die Führung heißt das: **Wertschätzung und Lenkung** sind gefordert!

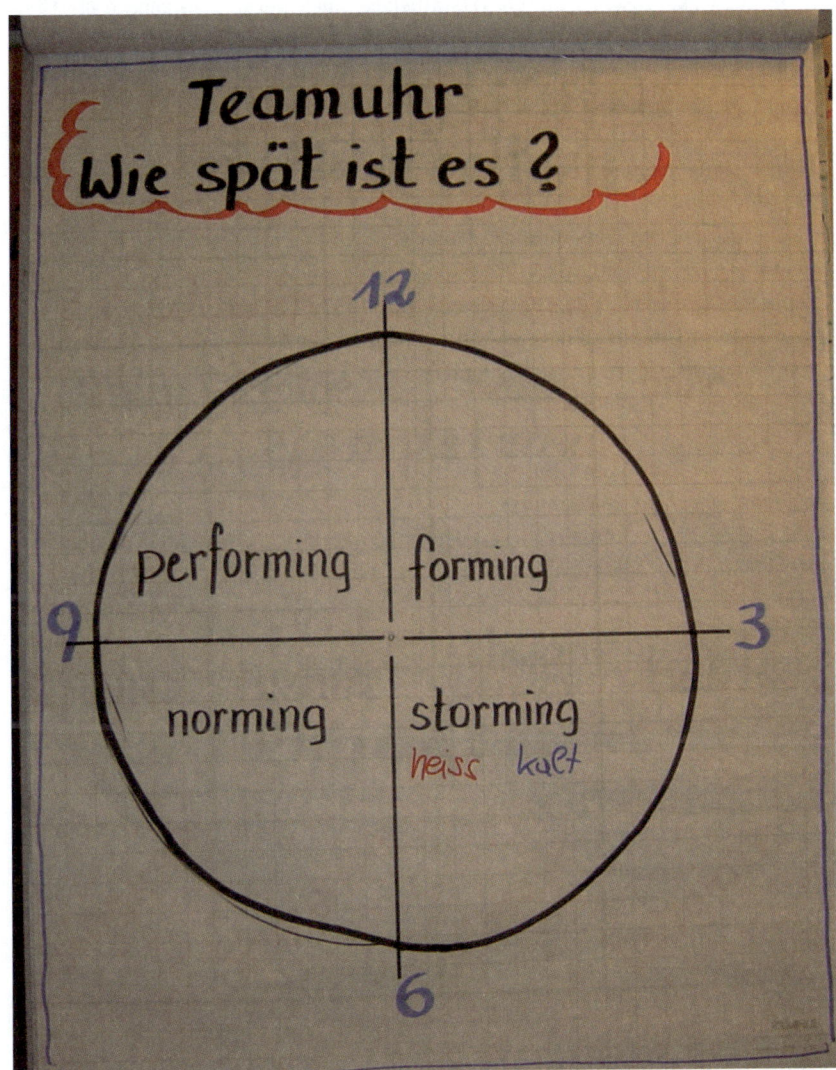

Wo stehen die Zeiger in Ihrem Team?

2. **Konfrontationsphase (storming)**
Da wird's oft ungemütlich, „da fliegen Späne". Alle versuchen einen guten Platz im Team zu finden und ihre Rolle zu definieren. Mitarbeiter suchen Verbündete und polarisieren damit auch, Sympathie und Antipathie beginnen zu wirken, Beziehungen kristallisieren sich heraus. Sogar Sie als Führungskraft werden „ausgetestet" und in Frage gestellt. Machen Sie in dieser Phase der Beziehungsklärung und Positionssuche Betroffene zu Beteiligten, damit können Sie das Bedürfnis nach Sicherheit gut zufrieden stellen.

3. **Organisierungsphase (norming)**
Jetzt kommt das Team in ruhigeres Gewässer. Es wird klar und akzeptiert, wer Kapitän, Steuermann oder Maat ist. Die Regeln und Normen, wie man miteinander umgeht, sind gefunden und werden gefestigt. Das Team rückt enger zusammen, es entsteht ein Wir-Gefühl, aus dem Kooperation und Arbeitsenergie wachsen können. Entscheidend für das Gelingen dieser Phase ist eine entwickelte Feedback-Kultur.
Allerdings herrscht noch eine gewisse Enge, Unterschiede und abweichende Meinungen werden noch als Bedrohung erlebt.

4. **Integrationsphase (performing)**
In dieser Phase können Höchstleistungen erbracht werden. Verschiedene Ideen und Unterschiede zwischen den Mitarbeitern werden als Bereicherung und Anregung erlebt. Man darf gegensätzliche Meinungen ausdrücken, ohne dass das Team sofort Angst vor dem Rückfall in Phase 2 haben muss. Zwischen den Teammitgliedern herrscht ein Klima der Unterstützung und des Vertrauens. Das ist der Boden für Kreativität, Selbständigkeit und Freude an der Arbeit.

In Ihrem **Führungsverhalten** folgen Sie den vier Phasen:
forming – „**dirigieren**"
storming – „**trainieren**"
norming – „**sekundieren**"
performing – „**delegieren**"

Rechnen Sie damit, dass die anfänglich hohe **Motivation** in der Stormingphase deutlich einbricht. Durch ernst gemeinte Teamentwicklungsmaßnahmen erholt sich das Motivationsniveau wieder sehr gut. Wenn der Prozess glückt, steigt die **Leistung** von einem anfänglich mittleren Niveau stetig an.

Beim **Wechsel** eines oder mehrerer Teammitglieder und bei **Neuzugängen** werden die Phasen erneut durchlaufen.

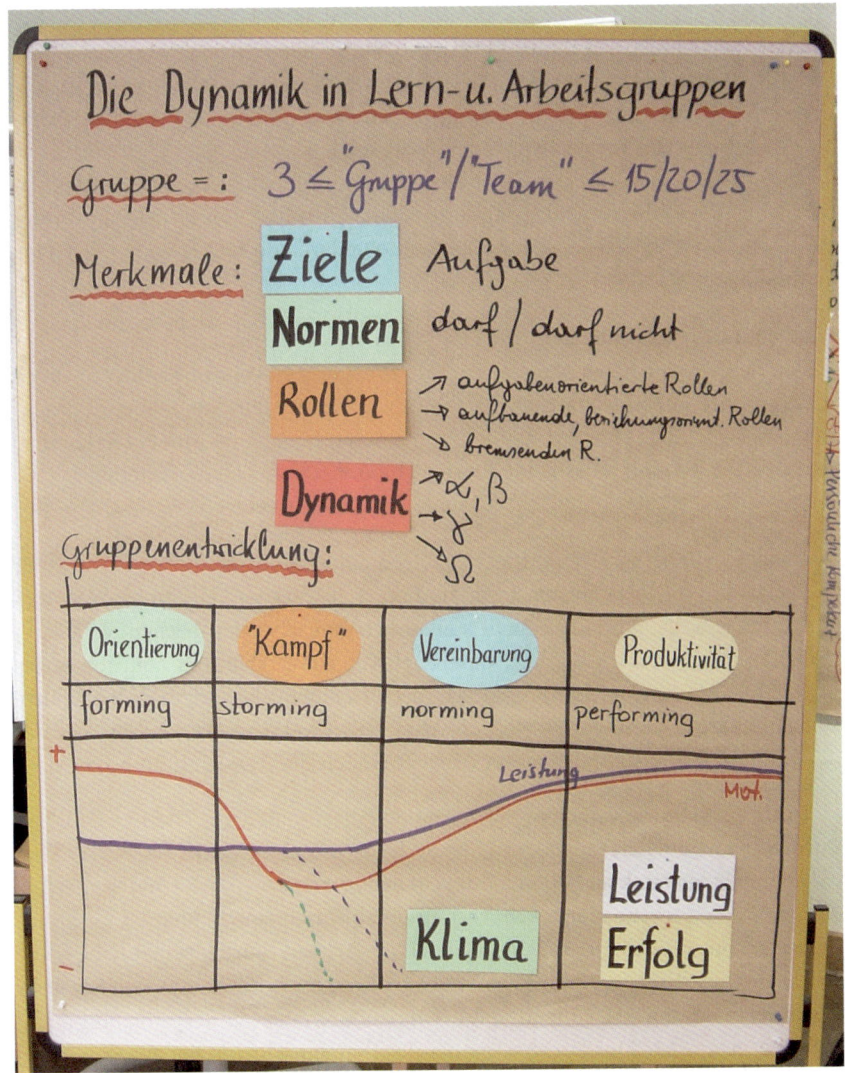

Phasen der Gruppenentwicklung

Ich seh etwas, was du nicht siehst, und das ist...

Das JOHARI – Fenster (Joe Luft und Harry Ingham)

Vertrauensaufbau ist das Ziel Ihrer Investition in der Orientierungsphase (forming). Mit dem Modell des JOHARI-Fensters gelingt uns ein verbessertes und vertieftes Verständnis für die Auswirkungen von Selbst- und Fremdwahrnehmung im Laufe des **Teamentwicklung**sprozesses.

Die Erkenntnisse aus dem JOHARI-Fenster ergeben sich aus der Korrelation jener Persönlichkeitsausprägungen, die uns selbst von uns bekannt oder unbekannt sind, und jenen Merkmalen, die andere von uns kennen oder auch nicht kennen.

Quadrant 1: Mir selbst bekannt und auch den anderen bekannt.

Der Bereich der **freien Aktivität** enthält alles, was sowohl mir selbst als auch anderen über mich bekannt ist. Ich weiß, wie ich aussehe, kenne mein Sprachverhalten und habe eine Vorstellung von meinen Umgangsformen. Ich kann so sein, wie ich bin. Ich muss keine Energie binden, um mich zu verstellen.

Dieses Feld ist am Beginn der Orientierungsphase sehr klein.

Quadrant 2: Mir selbst bekannt, den anderen jedoch unbekannt.

Hier wohnt die **Privatperson**. Zwar sind mir selbst meine Verhaltensweisen bekannt, ich habe sie für andere nicht zugänglich gemacht oder machen wollen.

Dieses Feld wird verkleinert, indem ich **von mir erzähle** und von mir etwas preisgebe. Der **Kennenlernprozess** darf nicht zu einem erzwungenen **Persönlichkeitsstriptease** führen, damit werden Mitarbeiter verschreckt und das verhindert die Vertrauensbildung. Es erschwert jedoch die freie Entfaltung zu sehr, wenn man hinter einem Schutzwall leben muss.

Quadrant 3: Mir selbst unbekannt, den anderen jedoch bekannt.

Einen **blinden Fleck** zu haben kann **sehr unangenehm** sein. Alle anderen sehen meinen Fehler, meine störenden Verhaltensweisen, meine tickhaften Gewohnheiten schon, tuscheln vielleicht auch schon darüber, nur ich selbst habe keine Ahnung. Diese Störung in der Selbstwahrnehmung ist nur durch eine **Rückmeldekultur** sozial verträglich wettzumachen.

Quadrant 4: Mir selbst und auch den anderen nicht bekannt.

Der Bereich der **unbekannten Aktivität** enthält alle jene Verhaltensweisen, die mir selbst und den anderen unbekannt sind. Dieses Feld des Unbewussten, Unterbewussten und Verdrängten wird nur in Therapien, **nie** jedoch im **Arbeits**-zusammenhang berührt.

Je solider das Feld der freien Aktivität vergrößert wird, desto besser gelingt Zusammenarbeit, umso offener und ehrlicher können wir Gespräche führen und umso weniger brauchen wir uns zu maskieren. Durch **Kennenlernen** verkleinert sich das Feld der Privatperson und durch **Rückmeldungen** schrumpft der blinde Fleck.
Literatur: Klaus Antons, Gruppendynamik in der Praxis.

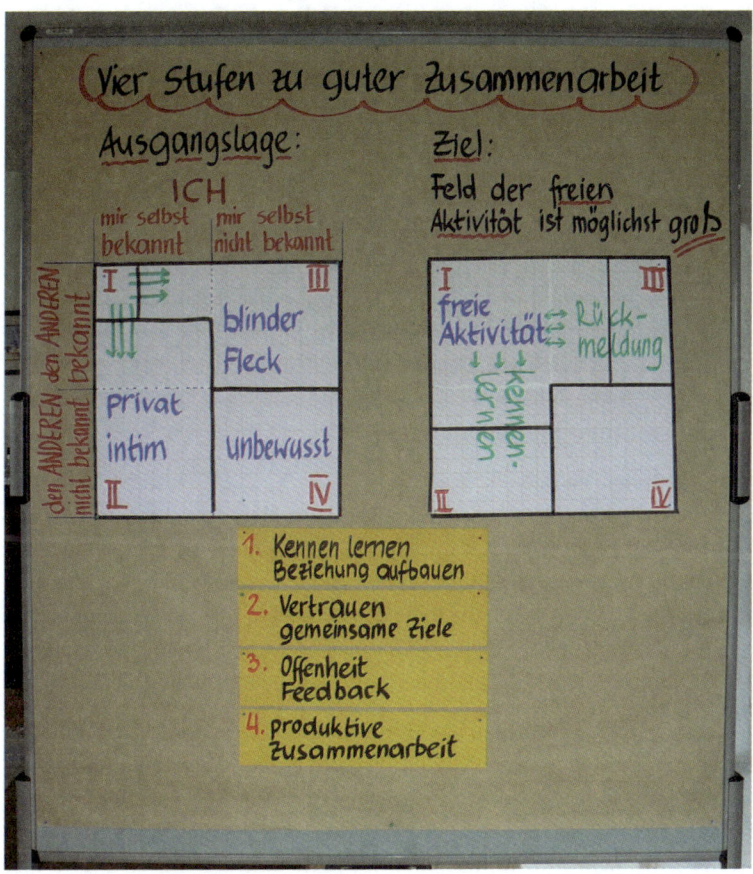

Freie Aktivität fördert die Zusammenarbeit

Eindruck braucht Ausdruck

Den Gruppenprozess reflektieren

Verblüffen Sie Ihr Team mit einer ungewöhnlichen Aufgabe: laden Sie Ihre Mitarbeiter im Team zum **Zeichnen und Malen** ein. Kräftige Wachskreiden, gut gefüllte Stifte und vielleicht auch Fingerfarben sprechen das „Kind" im Erwachsenen an und verschaffen ein **sinnliches Erlebnis**.

Warum?

Manchmal ist es ratsam und notwendig, mit Ihrem Team die **Entwicklung** der gemeinsamen Arbeit zu **reflektieren**, Höhen, Tiefen und Durststrecken zu benennen und daraus für die zukünftige Arbeit Perspektiven abzuleiten. Es ist auch sehr lohnend, sich über den guten Zustand des Teams zu freuen und das mit einem Bild zu dokumentieren.

Übung 1: Wie sich unser **Team entwickelt** hat

Auf einem Flipchartbogen im Querformat wird mittig horizontal eine **Zeitleiste** aufgetragen. Oberhalb dieser Line ist der **Plus**bereich, darunter der **Minus**bereich. Die Gruppe berät und diskutiert, wie sich das Team entwickelt hat und überträgt das Gesprächsergebnis als **Fieberkurve** in das Blatt ein. Die Höhen und Tiefen werden mit **Symbolen, Begriffen** oder kleinen Beschreibungen erläutert. Mit dem Datum der Übung wird ein Zustand festgelegt und eine **Prognose** für die zukünftige Entwicklung vorausgesagt.

Übung 2: Unsere Gruppe im Bild

Ermutigen Sie Ihre Mitarbeiter dazu, ein **Bild, eine Metapher** für den Zustand Ihres Teams zu entwickeln. Im Gespräch sollen Argumente für das gewählte Bild ausgetauscht werden. Diese Gedanken sollen sich im Bild wieder finden. Dabei gewinnt die Gruppe durch die **Reflexion Einsichten** über die Befindlichkeit der Teammitglieder, Wir-Gefühl und Gruppenidentität, Nähe und Distanz, Zielklarheit, Kommunikationsverhalten – kurz: Über den **Zustand des Teams**.

Bei größeren Gruppen oder Teams ist die Aufteilung in mehrere **Untergruppen** besonders spannend. Da können Sie die fertigen Bilder nebeneinander legen und aus dem **Vergleich** interessante Gespräche entwickeln. Wobei Bilder ohnehin mehr sagen als tausend Worte.

Tolle Teams machen tolle Bilder – färbig, bunt und dynamisch – und alle haben ihren Platz.

So bunt können Teams sein

5. Mit Zielen führen, kooperativ planen und entscheiden

Mit Zielen zu führen ist fair und transparent. Sind Ziele konkret und realistisch formuliert, können sie auch erreicht werden. Das motiviert. Durch die Zufriedenheit der Mitarbeiter und durch klare Ziele wird die Leistung verbessert. Führungskräfte entscheiden. Mitarbeiter tragen Entscheidungen mit, wenn sie in den Prozess eingebunden sind. Je nach Situation muss Klarheit darüber bestehen, wie viel bereits entschieden ist und was noch alles mitentschieden werden kann. Analyse- und Planungsinstrumente helfen dabei.

Mit Zielen führen

Wer nicht weiß, wohin er will, darf sich nicht wundern, wenn er ganz woanders ankommt!

Führungsmoden kommen und gehen.

Die Führung mit Zielen (Peter Drucker, 1954, **Management by objectives** –MbO) ist heute – nach mehr als 50 Jahren – immer noch aktuell. Und das hat gute Gründe.

Ziele sind die erste Voraussetzung für Leistung

▌ Mit Zielen geben Sie gezielte Informationen
▌ Mit Zielen schaffen Sie gezielte Planung
▌ Mit Zielen treffen Sie klare Entscheidungen
▌ Mit Zielen gelingt Ihnen gezielte Umsetzung
▌ Mit Zielen ist gezielte Kontrolle möglich
▌ Mit Zielen ist Bestätigung oder Korrektur des Weges einsichtig
▌ Mit Zielen ermöglichen ist die Freude über Erfolg

Zufriedenheit der Mitarbeiter ist die zweite Voraussetzung für Leistung

▌ Ziele schaffen Klarheit und geben Orientierung
▌ Ziele ermöglichen dem Mitarbeiter, sein Handeln auf das Ziel hin zu planen
▌ Ziele bündeln die Aufmerksamkeit
▌ Zielerreichung schafft Erfolgserlebnisse
▌ Erfolg entwickelt Selbstbewusstsein und Selbstwert
▌ Erfolg und Selbstbewusstsein schaffen die Energie für neue, höherwertige Ziele
▌ Ziele definieren Zuständigkeiten und Verantwortungsbereiche

Dieser Ablauf entspricht dem **Grundbedürfnis** des Menschen nach **Orientierung, Sicherheit und Leistung.**

Ziele sind **zukunftsorientiert** und beschreiben einen **erstrebenswerten** Zustand.

Die hohe Kunst der Führungskraft ist es, die Unternehmensziele und die individuellen Ziele der Mitarbeiter möglichst **deckungsgleich** zu machen.

Management by objectives – MbO ist eine Führungstechnik, bei der Selbständigkeit, Initiative und Motivation im Vordergrund stehen, gleichzeitig ist es aber auch ein Kontrollinstrument: „Wurde das, was wir uns vorgenommen haben, auch wirklich erreicht?"

Literatur: Rainer W. Stroebe, Führungsstile

Klare Ziele und Zufriedenheit der Mitarbeiter führen zu Leistung

SMART

So formulieren Sie Ziele richtig!

Neujahrsvorsätze und berufliche Zielarbeit unterscheiden sich vor allem darin: **Berufliche Ziele** sind ernst gemeint und werden von Führungskräften mit ihren Mitarbeitern professionell entwickelt, formuliert und schriftlich festgehalten. Dadurch haben Ziele auch einen hohen Verbindlichkeitsgrad.

Gut formulierte Ziele sollten wenigstens den fünf „**SMART**"-Kriterien genügen:

▌ **S – spezifisch.** Ziele sollen konkret, eindeutig und präzise formuliert sein, damit es nicht beim bloßen Vorsatz bleibt. „Ich werde gesünder leben!" müssen Sie ersetzen durch: „Ich esse einen Apfel pro Tag. Ich nehme die Treppe statt dem Lift!".

▌ **M – messbar.** Es müssen Leistungsstandards formuliert werden, an denen überprüft werden kann, wann ein Ziel erreicht ist. Absatzmengen, Qualitätsgrade, Produktivitätszahlen bis hin zur Kiloanzahl, die Sie sich vorgenommen haben, abzunehmen. „Wir verdoppeln unsere Produktion auf 4000 Stück", Oder: „Ich nehme 5 kg ab, dann wiege ich 73 kg."

▌ **A – aktivitätsorientiert.** Verwenden Sie positive Formulierungen. Das sind Beschreibungen dessen, was Sie oder Ihr Mitarbeiter künftig tun wird, also eine Operationalisierung des geplanten Verhaltens. Verzichten Sie auf Anweisungen, was *nicht* mehr getan werden soll. „Im April trinke ich nur Wasser und Fruchtsäfte!" ist verbindlicher als „Ich trinke keinen Wein mehr."

▌ **R – realistisch.** Ziele sollen zwar herausfordernd sein, aber sie müssen nach vernünftiger Einschätzung auch erreichbar sein. Der Satz: „Wenn ich mich anstrenge, dann schaff ich's!", sollte immer Gültigkeit haben. Eine Figur wie die Chippendales erlangen zu wollen, dürfte für viele von uns nur Wunschbild bleiben.

▌ **T – terminierbar.** Auch der Bedarf an Zeit muss realistisch eingeschätzt werden. Jede Zielvorgabe und -vereinbarung endet aber zu einem festgelegten Zeitpunkt. „Wie viele Kilo werden Sie bis Ende nächsten Monats verloren haben?"

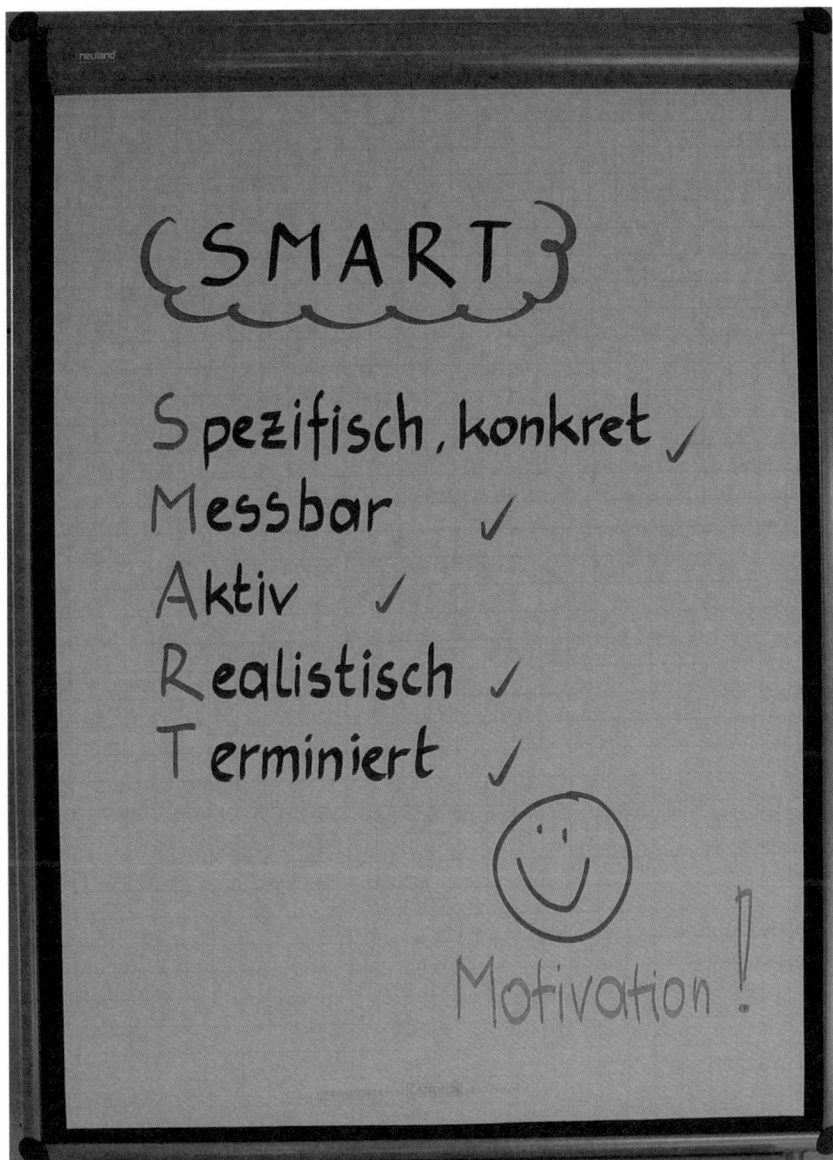

Ziele müssen „SMART" formuliert sein

Nicht schon wieder etwas Neues!

Ziele-Hierarchie

Ziele zu erarbeiten und setzen heißt nicht, immer nur mehr oder etwas Neues von Mitarbeitern zu verlangen. Das Gute bewahren, Veränderungen herbeiführen und Neuerungen implementieren sind verschiedene Zielkategorien.

▌ Erhaltungsziele

„Wer stehen bleibt, fällt zurück!"

Viele Mitarbeiter erbringen eine wirklich gute Leistung, an der es nichts auszusetzen gibt. Diese Mitarbeiter sind das stabile Rückgrat des Unternehmens. Die entscheidende Frage für die Führungskraft lautet: Was ist die Ursache für den Erfolg in der Vergangenheit, und **was muss getan werden, dass die Mitarbeiter diese gute Leistung auch in Zukunft erbringen** können? Das zentrale Steuerungsinstrument ist hier die Weiterbildung: „Was muss der Mitarbeiter heute lernen, damit er mittelfristig die gleiche Leistung erbringen kann?"

▌ Veränderungsziele

Neben vielen tüchtigen Mitarbeitern fallen Ihnen als Führungskraft aber sofort auch Personen ein, bei denen die Dinge nicht so gut laufen, die vereinbarten Ergebnisse nicht erreicht werden, Termine überschritten werden – wo also Veränderung notwendig ist. Veränderungsziele beziehen sich immer auf eine Aufgabe, die nicht zufriedenstellend erfüllt wird. Die Führungskraft stellt sich die Frage: **„Was konkret muss verändert werden, damit der Mitarbeiter die vereinbarten Ergebnisse erreicht?"** Wenn Sie vor dem Zielvereinbarungsgespräch mit dem Mitarbeiter die Arbeitsabläufe gemeinsam analysieren, sind die Erfolgschancen größer.

▌ Innovationsziele

Innovationsziele werden meist zusätzlich zum Tagesgeschäft entwickelt. Sie haben mit grundlegenden Veränderungen zu tun, deshalb ist ein verantwortungsvoller und zurückhaltender Umgang wichtig.

Trotzdem sind Neuerungen und Entwicklungen für jedes Arbeitsfeld notwendig. Mitarbeiter müssen auch immer wieder Dinge ausprobieren, die sie bisher noch nie getan haben. Für die Führungskraft lautet die Frage: **„In welchem Arbeitsbereich soll etwas Neues ausprobiert werden, und welche neuen Aufgaben soll welcher Mitarbeiter übernehmen?"**

Bei den Innovationszielen gilt: Weniger ist mehr!

Ziele sind auf verschiedenen Ebenen angesiedelt

Das Tagliamento-Prinzip

Schritt für Schritt zum Ziel

Dieses Bild haben wir auf einer unserer zahlreichen Fahrten entlang des Tagliamento zu unseren Coaching-Seminaren nach Tissano/Udine geprägt. Es zeigt die zwei **Grunddimensionen** von Zielen:

▌ Ich möchte den Fluss überqueren. Wenn ich am anderen Ufer angekommen bin, habe ich mein Ziel erreicht. Der Endzustand ist feststellbar: Ein **Ergebnis** liegt vor.

▌ Ich kann selbst viel dazu beitragen, um an das gegenüberliegende Ufer zu gelangen. ich kann eine geeignete seichte Stelle suchen, ich kann hintereinander einzelne Steine ins Flussbett legen, … Ich muss also **Aktivitäten** entwickeln, um drüben anzukommen. Garantie für ein Gelingen habe ich trotzdem keine, aber ich habe getan, was ich tun konnte.

In diesem Bild zeigen sich die **Wesensmerkmale** von

▌ **Ergebniszielen und**

▌ **Aktivitätszielen**

Ergebnisziele sind eine Einheit, etwas Ganzes: am anderen Ufer ankommen, die Matura bestehen, das Projekt abschließen, die Europameisterschaft gewinnen – man kann nicht ein wenig gewinnen oder die Matura ein bisschen bestehen. Allerdings ist die Erreichung der Ergebnisziele nicht nur von uns selbst abhängig: Konkurrenz, Prüfungskommission, Wetter, Zulieferer sind **unwägbare Einflussfaktoren von außen.**

Aktivitätsziele liegen in meiner **eigenen Verantwortung.** Wer eine Prüfung bestehen will, kann/muss z.B. täglich wenigstens zwei Stunden lernen, Skriptum aus der Vorlesung wiederholen, am Wochenende zu Hause bleiben, täglich mindestens sieben Stunden schlafen,….

Unternehmensziele sind meist Ergebnisziele. Als Führungskraft entwickeln Sie mit Ihren Mitarbeitern bzw. fordern Sie von Ihren Mitarbeitern Aktivitätsziele.

Diese geben konkrete Auskunft, wie das vereinbarte Ergebnisziel erreicht werden kann.

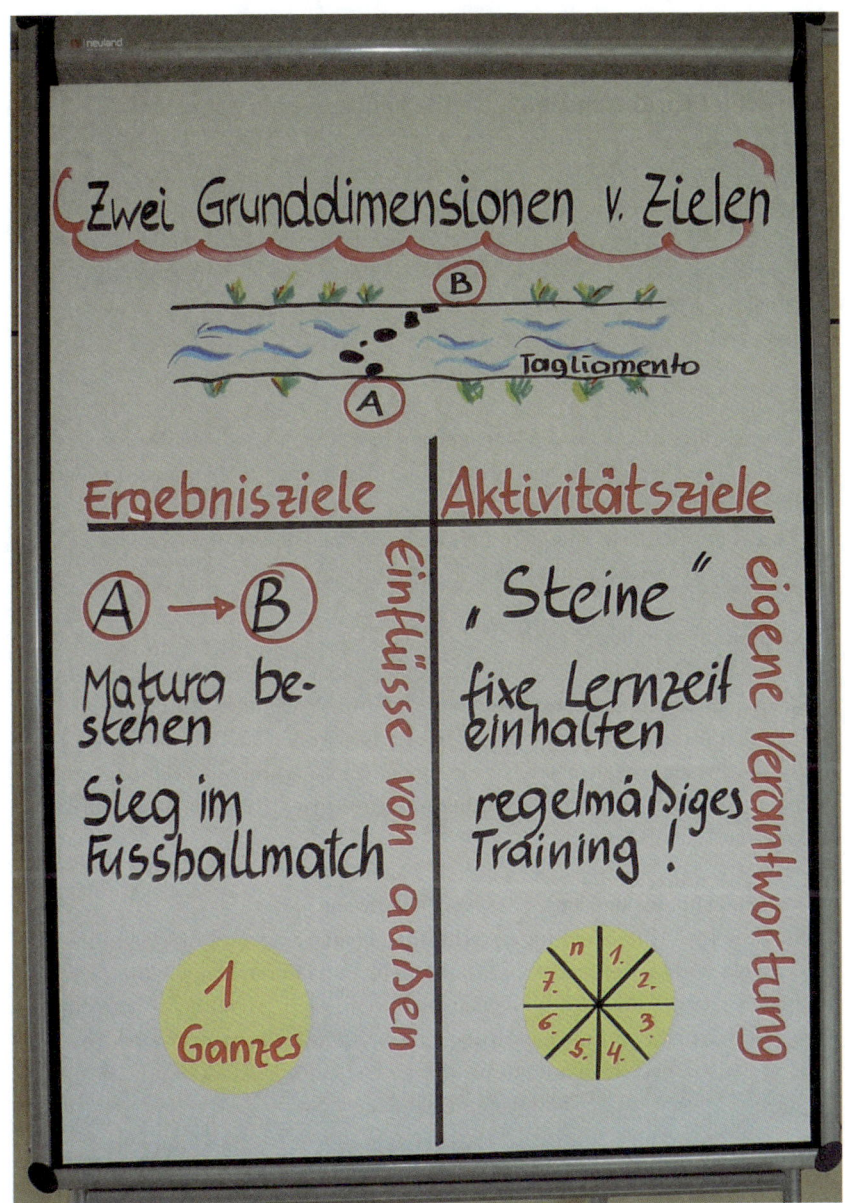

Aktivitätsziele führen zu Ergebnissen

Entscheidungen treffen

„Eine schlechte Entscheidung ist allemal besser als gar keine!"

Entscheidungsfreudigkeit zeichnet Führungskräfte aus. Dabei gehen sie oft ein **Risiko** ein, weil man selten hundertprozentig von vorneherein weiß, welche Entscheidung die richtige ist. Durch Zielentwicklung und sorgfältige, gut durchdachte Planung lässt sich das Risiko gut **kalkulieren**.
Wann sind Entscheidungen gut?

▌ Sachliche Richtigkeit

Führungskräfte im **operativen Management** haben meist noch selbst ausreichend Expertise, um sich in den Sachfragen auszukennen. Je mehr jemand im **strategischen Bereich** Verantwortung trägt, desto mehr muss sich die Führungskraft auf **Experten** verlassen. In jedem Fall ist Expertise ein hervorstechendes Qualitätskriterium von Entscheidungen.

▌ Akzeptanz bei den Betroffenen

Ob Ihre Mitarbeiter Ihre Entscheidung nicht nur formal zur Kenntnis nehmen, sondern auch **innerlich akzeptieren**, hängt nicht nur von der sachlichen Richtigkeit der Entscheidung ab. Vielmehr hängt ein großer Teil der Akzeptanz von Ihnen als **Persönlichkeit** ab: Klarheit in der Zielsetzung, Ihr **Führungsstil**, Ihr **Verhalten** den Mitarbeitern gegenüber und Ihre Investition in das **Betriebsklima** schlagen jetzt zu Buche.

▌ Richtiger Zeitpunkt und angemessener Zeitaufwand

Treffen Sie Ihre Entscheidungen **rechtzeitig, binden** Sie wenn möglich Ihre Mitarbeiter **ein** und bieten Sie so viel **Transparenz** und **Information** wie möglich. Das ist gut investierte Zeit. Alles, was zu spät kommt, zu „abgehoben" entschieden wird, verlangt einen immensen Informations- und **Erklärungsaufwand** im Nachhinein – Insbesondere dann, wenn die Entscheidung Auswirkungen auf die persönliche Situation der Mitarbeiter hat.

Literatur: Rainer W. Stroebe, Grundlagen der Führung

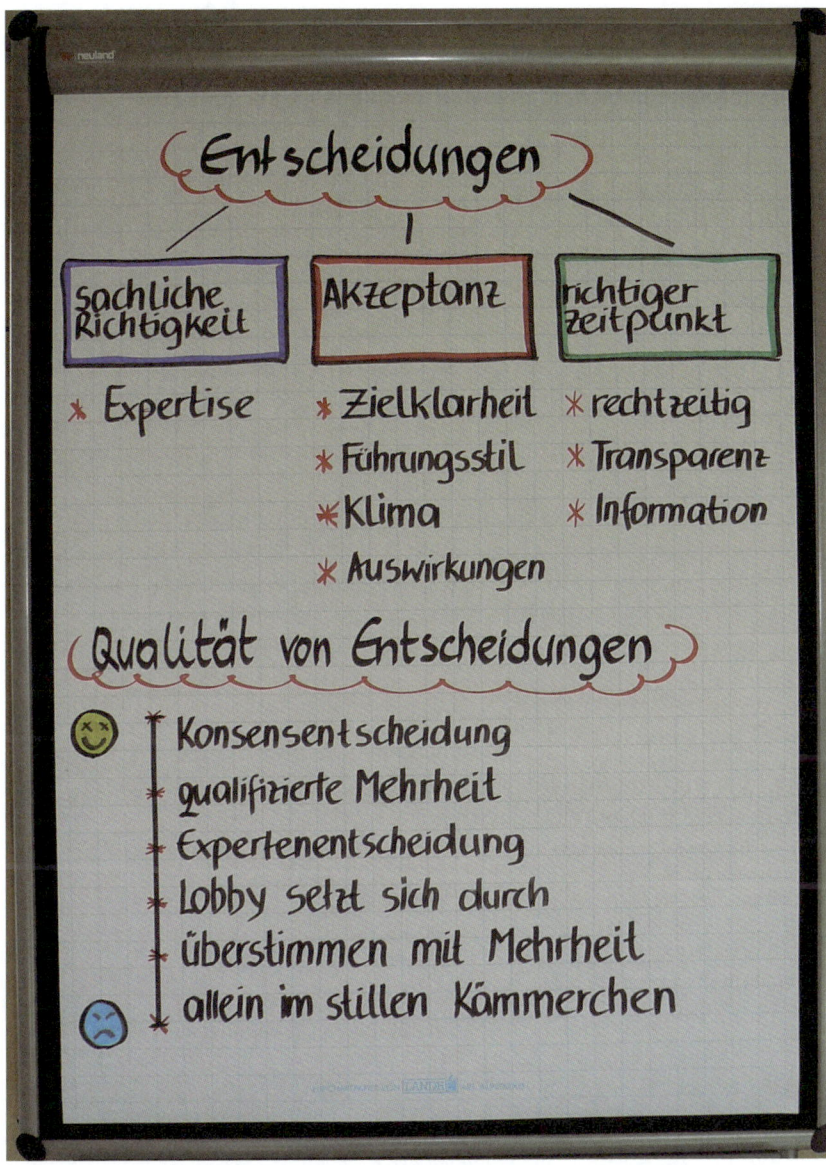

Gute Entscheidungen treffen

Entscheidung und Führung

Der Spielraum fürs Mitentscheiden muss klar sein!

Sachverhalt, Situation und Führungsstil sind die Zutaten für das **Entscheidungsverhalten im Führungsprozess**. Die Führungskraft hat in ihrem Verhaltensrepertoire eine Bandbreite von Verhaltensmöglichkeiten zur Verfügung, die sie der jeweiligen Situation angemessen handeln lässt (siehe Kapitel „**Situative Führung**").

Das hat Folgen. Der **Bogen** spannt sich vom
- **autoritär/direktiven** bis **delegierenden** Führungsstil
  Die direktiven Führungskräfte entscheiden, teilen ihre Entscheidungen mit und erwarten, dass die Mitarbeiter die Entscheidungen durchführen. Bei einer Delegierung wird die Sachlage erklärt, die personellen, materiellen und Zeitressourcen zur Verfügung gestellt und die Mitarbeiter entscheiden, führen durch und repräsentieren das Unternehmen eventuell auch nach außen.
- von: „Ich habe **alles** entschieden" bis: „Ich habe **gar nichts** entschieden."
- von: Mitarbeiter können gar nichts mitentscheiden bis hin zur vollständigen Entscheidungskompetenz.

Und dazwischen liegen etliche **Abstufungen**.
- Die Führungskraft **holt Meinungen** der Mitarbeiter ein, entscheidet und teilt die Entscheidung mit (konsultativ).
- Die Führungskraft **berät** sich mit dem Team und das Team entscheidet (partizipativ).

Für die Akzeptanz von Entscheidungen und die **Motivation** der Mitarbeiter ist **Rollenklarheit** von großer Bedeutung:
Wenn Führungskräfte **so tun, als ob** Beratung, Diskussion, Vorschläge für die Entscheidungsfindung noch wichtig wären, aber in Wirklichkeit schon alles entschieden ist, ist das **Manipulation**. Das schadet der Glaubwürdigkeit, untergräbt die ethischen Grundsätze und führt zu Enttäuschung und **Frustration**.

Literatur: Klaus Antons, Praxis der Gruppendynamik

Zwischen Entscheidung und Mitentscheidung

Ein Werkzeug für qualitätsvolle Entscheidungen

Die SPOT-Matrix

Die SPOT-Matrix ist ein **Analyse- und Diagnoseinstrument**. Wenn Sie Entscheidungen vorbereiten, eignet sich die SPOT-Matrix:
▌ für Sie als Führungskraft in der **Einzelarbeit**
▌ für Sie als Führungskraft im Mitarbeiter-**Coaching**
▌ für **Teams** und Abteilungen.

Die SPOT-Matrix bietet eine **Struktur** für die eigene Denkarbeit und für zielgerichtete Gespräche in der Kleingruppe.

Aus den Koordinaten "Gegenwart-Zukunft" und „positiv-negativ" werden **vier Felder** konstruiert:

▌ Feld 1: **S – Strengths**: Gegenwart – positiv
Was läuft gegenwärtig gut?
Wo sind unsere Stärken?
Worauf können wir stolz sein?

▌ Feld 2: **P – Problems**: Gegenwart – negativ
Was läuft nicht gut?
Wo liegen unsere Probleme?
Womit haben wir Schwierigkeiten?

▌ Feld 3: **O: Opportunities**: Zukunft – positiv
Wo liegen unsere Möglichkeiten?
Welche Chancen haben wir nach einer Veränderung?
Welche Ressourcen nutzen wir noch nicht?

▌ Feld 4: **T – Threats**: Zukunft – negativ
Wenn wir die Veränderungen durchführen, wo lauern Gefahren?
Welche Unwägbarkeiten kommen auf uns zu?
Mit welchen Bedrohungen müssen wir rechnen?

Im **Brainstorming** werden die Felder gefüllt. Danach wird daran gearbeitet, wie aus problems und threats satisfactions und opportunities gemacht werden könnten.

Durch eine **Bepunktung** kann auch eine **Bilanz** dargestellt werden, ob für eine Veränderung die positiven oder negativen Faktoren überwiegen.

Damit schaffen Sie solide **Entscheidungsgrundlagen.**

Literatur: Friedrich Graf-Götz, Organisation gestalten

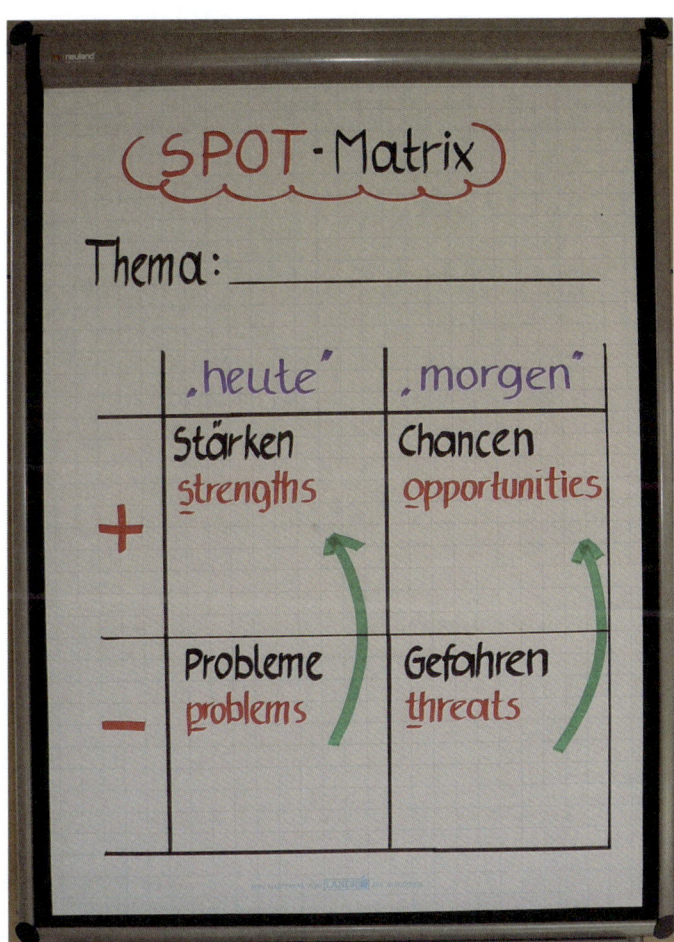

Entscheidungsgrundlagen schaffen

Themen bearbeiten mit System

Wie komme ich von der Idee zur Lösung

„Wie gehen wir es an?" – Das ist oft die Frage, vor der eine Führungskraft bei der Problemlösung steht. Die U-Prozedur ist ein Muster, das für die Arbeit alleine und in der Gruppe gleich hilfreich ist.

Wir moderieren den Prozess in fünf Schritten, schreiben dabei für alle sichtbar mit und beziehen alle mit ein:

1. Wie sieht die **gegenwärtige Situation** konkret aus? Genaue Beschreibung der Situation, für die eine Änderung herbeigeführt werden soll.
2. Welches **Ziel** streben wir an? Wie soll die geänderte Situation aussehen?
3. Welche **Hindernisse** und Ängste gibt es? Was steht einer Änderung der Situation im Wege?
4. Welche **Ressourcen** sind bereits vorhanden? Was kann genutzt werden? Wer unterstützt uns in dieser Situation?
5. Konkrete erste **To-Do's**: Was muss getan werden, damit das gesetzte Ziel, die gewünschte Änderung erreicht wird? Festlegen von Tätigkeiten und ersten Schritten.

Alle sind zufrieden, wenn nach gemeinsamer Erörterung der fünf Schritte am Ende ganz konkrete Aufgaben stehen. Aus einem Problem sind also Aufgaben geworden, aus Zielen Maßnahmen.

Nachfolgend wird in einem **Maßnahmenplan** festgelegt, wer bis wann für die Durchführung der einzelnen Aufgaben verantwortlich ist.

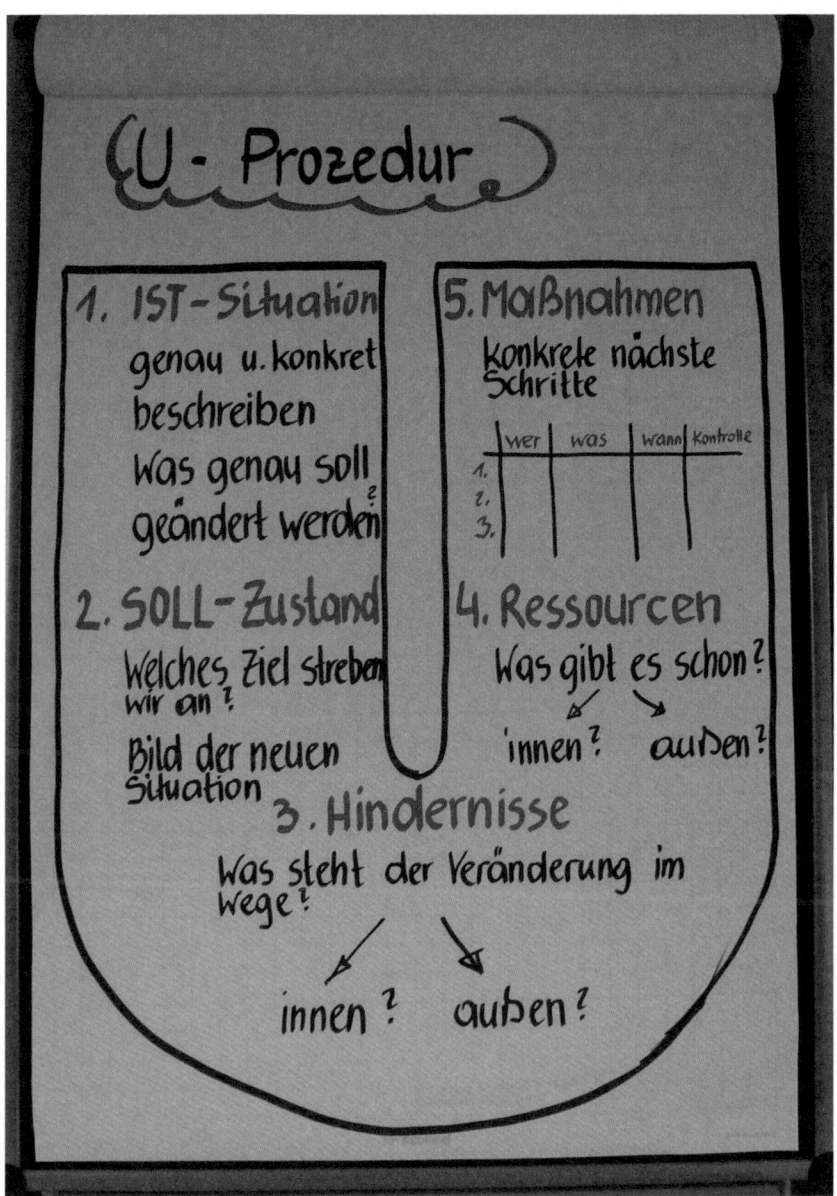

Themen mit System abarbeiten

6. Besprechungen leiten

Nirgends wird so viel Zeit vergeudet
wie in Besprechungen.
Das muss und darf nicht sein.
Leiten kann man lernen und Führen muss man wollen!
Beides gilt für Sie als Führungskraft!

To meet or not to meet

Für das Können gibt es nur einen Beweis: das Tun.

Nirgends wird im Arbeitsleben so viel **Zeit vergeudet** wie bei Besprechungen. Viele Besprechungen werden als **überflüssig** oder als Zeitfresser erlebt. Hauptkritikpunkte sind die **Länge** der Besprechungen, **vage** und nicht zufrieden stellende oder zu **wenig Ergebnisse**, das Kommunikationsverhalten der Teilnehmenden und die Art und Weise der **Leitung** und Steuerung der Besprechung.

Wenn Sie als Führungskraft eine Besprechung leiten, sollten Sie sich über folgende **persönliche Voraussetzungen** im Klaren sein:

▌ Rollenübernahme
Leiter leiten. Wenn Sie als Führungskraft die Rolle der Gesprächsleitung nicht übernehmen, tut das jemand anderer in der Runde. Denn: **Macht verträgt kein Vakuum.** Das gilt auch für den ganzen Betrieb. Interessengruppen, Lobbys, Betriebsrat, Seilschaften füllen rasch die Leerstelle. Mit der Rollenübernahme haben die Teilnehmenden an einer Besprechung auch klare Erwartungen an Sie.

▌ Wille zum Leiten/Präsenz
Die Notwendigkeit der Rollenübernahme zu erkennen ist allein zu wenig. Der Wille zum Leiten muss durch Präsenz ausgedrückt werden: **Wachsein mit allen Sinnen**, mit Mimik und Gestik Beteiligung zeigen, durch Blickkontakt die Einzelpersonen wahrnehmen, durch Körperspannung und Ausstrahlung Zuversicht vermitteln und bei Störungen sofort intervenieren, damit klar ist, wer das Sagen hat.

▌ Klarheit über Beteiligungsmöglichkeiten
Machen Sie bei den einzelnen Beratungspunkten **transparent**, welchen **Spielraum** Sie für Mitentscheidungen einräumen wollen oder können. Wenn Sie schon alles entschieden haben, sagen Sie das. Wenn Sie um die Expertise Ihrer Mitarbeiter bitten und gemeinsam nach Möglichkeiten oder Lösungen gesucht wird, sollte das ernst gemeint sein. „So tun, als ob" schadet Ihrer Glaubwürdigkeit und untergräbt Ihre Autorität. Unterscheiden Sie zwischen **Anordnung, Information, Frage, Diskussion, Beratung, Brainstorming oder Suchen nach Lösungen**. Und das kann pro Tagesordnungspunkt durchaus wechseln. So fühlen sich die Teil-

nehmenden ernst genommen und sind bereit sich einzubringen. (s. auch Kapitel Entscheidung und Führung)

Literatur: Richard Krön, Kleine Sitzungstechnik

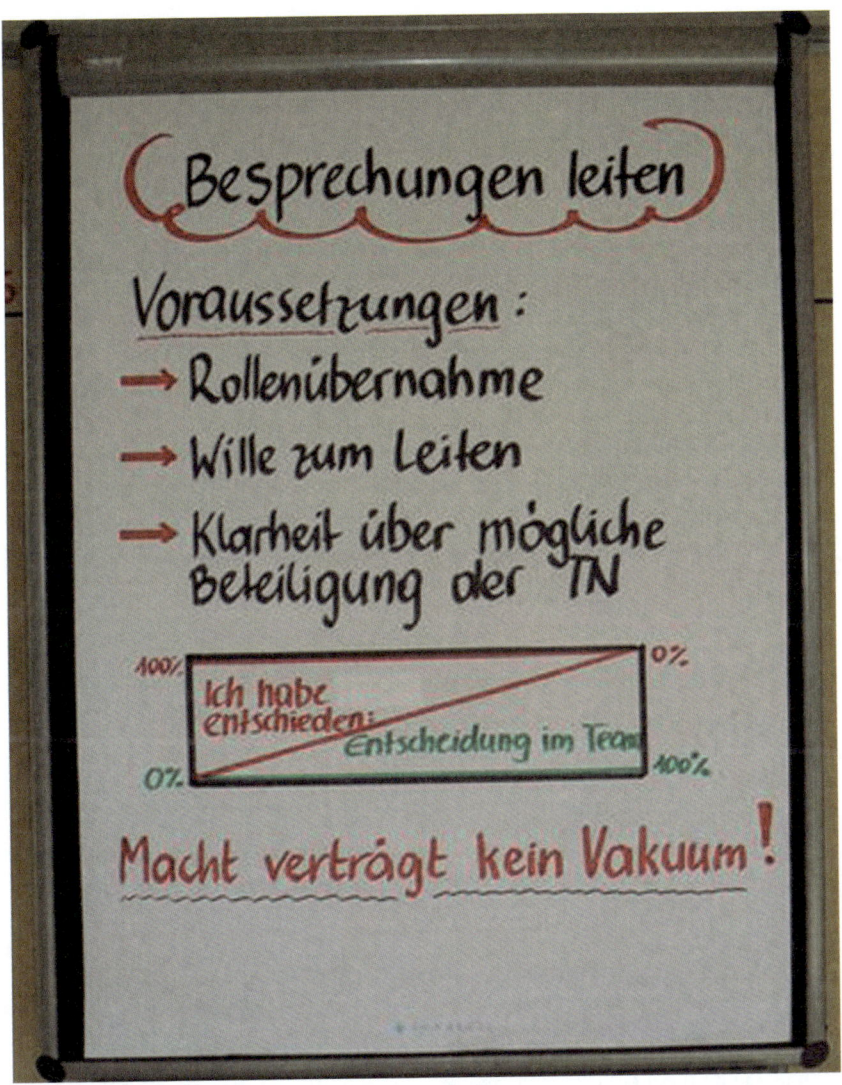

Die Rolle übernehmen

Meeting manual

Was die Funktion der Gesprächsleitung mit sich bringt

Als LeiterIn von Besprechungen sind Sie **verantwortlich** für:

Ziele

In Ihrer gründlichen Vorbereitung haben Sie eine realistisch bewältigbare **Tagesordnung** erstellt. Sie sind in der Lage, das jeweilige Thema oder Problem **klar zu formulieren**, und sorgen mit einem Protokoll für die Ergebnissicherung. Sie bleiben an den Themen und Zielen dran und führen bei Abschweifungen immer wieder **„auf den rechten Weg"** zurück.

Zeit

Ihr Hauptproblem ist die **Zeitdisziplin**. Das beginnt mit der **Pünktlichkeit** beim Start. Wenn zehn Personen Minuten mit warten vergeuden, verliert die Firma hundert Arbeitsminuten. Die **Unpünktlichkeit** am Anfang drückt auch aus, „wie es hier zugeht". Anfangssituationen sind normbildend – wie in der Besprechung, so am Arbeitsplatz. Als Hüter der Zeit haben Sie auch auf die Dauer der einzelnen **Redebeiträge** zu achten. Führen Sie **Gesprächsregeln** ein: Zuteilung des Wortes, Dauer der Beiträge, Ausreden lassen können hilfreich sein.

Klima

Haben Sie eine **Einladung oder eine Vorladung** verschickt? Der Ton macht die Musik. Das gilt auch für die **Sitzordnung** und die Wahl des Ortes. Wenn während der Besprechung alle einander sehen können, drücken Sie damit etwas anderes aus als mit einer frontalen Sitzordnung. Ein paar **Blumen** im Raum, Getränke, eine ordentlich gestaltete Tischvorlage zeigen, dass die Teilnehmenden erwartet werden und willkommen sind. **Umgangston und Führungsstil** wirken sich besonders auf das Klima aus. Unterbinden Sie **„Killerphrasen"** und **„schützen"** Sie die Teilnehmenden vor Bloßstellung, Lächerlichmachen und Übergehen.

Weg

Sie unterstützen das Team auf dem Weg zu Lösungen durch den Einsatz von **Techniken und Bearbeitungsinstrumenten**. Das reicht von der einfachen **Visualisierung** – die immer äußerst hilfreich ist – über die U-Prozedur, die SPOT-Analyse bis hin zum Einsatz von Elementen der Moderation (Punkte kleben, Karten-technik, Zweifeld-Analyse etc.)

Dürfen Sie als Besprechungsleiter eigentlich auch eine **eigene Meinung** haben?
   Es macht einen großen Unterschied, ob die Besprechung von einer außen stehenden neutralen Person „moderiert" wird oder ob Sie als Führungskraft das Meeting selbst leiten. Selbstverständlich haben Sie das Recht und die Pflicht, eine Meinung und Positionen zu vertreten. Aber Achtung: **Manipulation** ist verboten, **Transparenz** gefordert. Sagen Sie, wo Sie eigene Interessen haben. Mitarbeiter sind meist so lange unterstützend, solange sie ernst genommen werden.

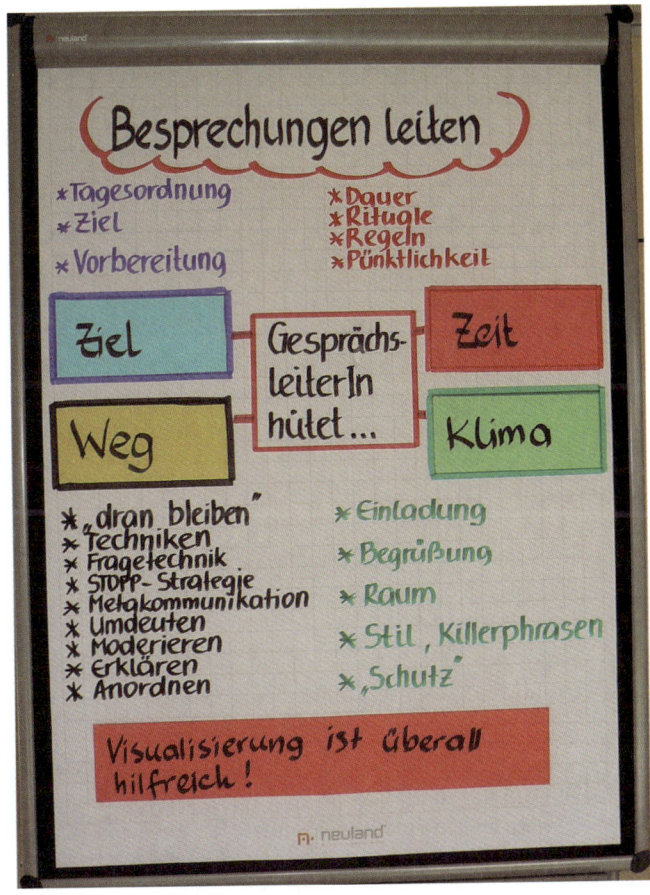

Gesprächsleiter tragen Verant-wortung für das Gespräch

Gesprächstypen: Die Vielfalt der Schöpfung

Umgang mit besonderen Teilnehmern

Teams und Gruppen leben von den unterschiedlichen Persönlichkeiten, solange die Unterschiede auch als **Bereicherung** wahrgenommen werden können. In allen Gruppen bilden sich Rollen heraus (s. Teambildung), bei Besprechungen erlaubt uns die **Karikatur,** Typologien zu benennen.

Professionelle Leiter von Besprechungen haben aus ihrem reichhaltigen **Verhaltensrepertoire** die richtigen **Reaktion**sweisen zur Verfügung.

Streitsüchtige
Bleiben wenigstens Sie sachlich und ruhig. Steigen Sie keinesfalls in den Ring und polarisieren Sie das Gespräch nicht auf Sie.

Positive „Stütze"
Sie können immer davon ausgehen, dass es unterstützende Personen in Ihren Besprechungen gibt. Binden Sie diese Personen bewusst ein, indem Sie sie zusammenfassen lassen oder sie mit der Ergebnissicherung beauftragen.

„Alleswisser"
Lassen Sie die Gruppe das Verhalten spiegeln und geben Sie dem Verhalten durch Umdeutung eine andere Bedeutung. („Ihnen ist der Tagesordnungspunkt so wichtig, dass Sie sich noch einmal melden müssen.")

Redselige
Hier wirken am Anfang vereinbarte Gesprächsregeln und Redezeitbegrenzung, auch die Stopp-Strategie kommt zum Einsatz. Wenn es nicht zu lange dauert, können Sie die Redseligen auch „ausfließen" lassen.

Schüchterne
Diese grundsätzlich unterstützenden Personen müssen ins Boot geholt werden, mit leichten Fragen einbinden, ermutigen und loben.

Ablehnende
Sehr sachlich die Expertise anerkennen, die Erfahrung nutzen und den Ehrgeiz wecken.

Erhabene; das hohe Tier

Ersparen Sie diesen Personen Kritik, parken Sie die oft sehr weitreichenden Beiträge im Themenspeicher und versuchen Sie umzudeuten.

Dickfellige

An diese Personen kommt man über deren Interessen- und Spezialgebiete und Fragen über ihre Arbeit heran.

Der schlaue Fuchs

„Jetzt habe ich aber noch eine dumme Frage" – geben Sie derartige Beiträge an die Gruppe weiter, deuten Sie die Frage um, aber gehen Sie nicht in Konkurrenz.

Professionell mit den verschiedenen Teilnehmern umgehen

Visualisierung und Strukturierung

Als Führungkraft wollen Sie bei Besprechungen mit Ihren Ideen „drüben" noch besser ankommen und vor allem auch **Ziele erreichen** und **Ergebnisse erarbeiten**.

Mit Bildern und Gliederung, **Visualisierung und Strukturierung** können Sie das erheblich unterstützen.

Sie bringen den Inhalt Ihres Projekts, Vorhabens oder Problems in eine **logische Struktur** und übersetzen die aussagestarken Gedanken in **Bilder** – von sehr einfachen Strichen bis zum technischen Modell. Wenn Sie in der Darstellung von Sachfragen noch **wenig geübt** sind, ist die Visualisierung und Strukturierung eine äußerst hilfreiche Stütze, an der Sie sich durch Ihren Beitrag hindurch anhalten können. Aber gerade auch wenn Sie sehr eloquent und sicher sind, sollten Sie auf die Arbeit mit

❚ Flipchart
❚ Pinn-Wand
❚ Overheadprojektor
❚ Beamer mit Laptop

nicht verzichten. Das gesprochene Wort soll nicht ersetzt werden, aber Ihr Erfolg unterstützt. Wählen Sie jenes Medium aus, das für die Team- und Raumgröße am besten passt.

Warum Visualisierung?

Ein Bild sagt mehr als tausend Worte, meint der Volksmund. Und er hat Recht. Aus der Lerntypenforschung wissen wir, dass vier Fünftel aller Menschen als wichtigsten Lernkanal den Sehsinn nützen. Die Gehirnforschung verwendet schon seit langem das Modell der linken (logischen) und rechten (bildhaft-kreativen) Gehirnhälfte. Bilder bedienen die rechte Gehirnhälfte. Dadurch wird der „Balken" zwischen den beiden Teilen aktiviert und Verstehen und Behalten signifikant erhöht. Wenn die Vorbereitung von Visualisierung auch Zeit braucht, in Ihrem Meeting sparen Sie mehr als ein Viertel Sitzungszeit. Wer Bilder verwendet und strukturiert, gilt auch als kompetenter.

Literatur: Walter Buchacher/Josef Wimmer: Das Seminar

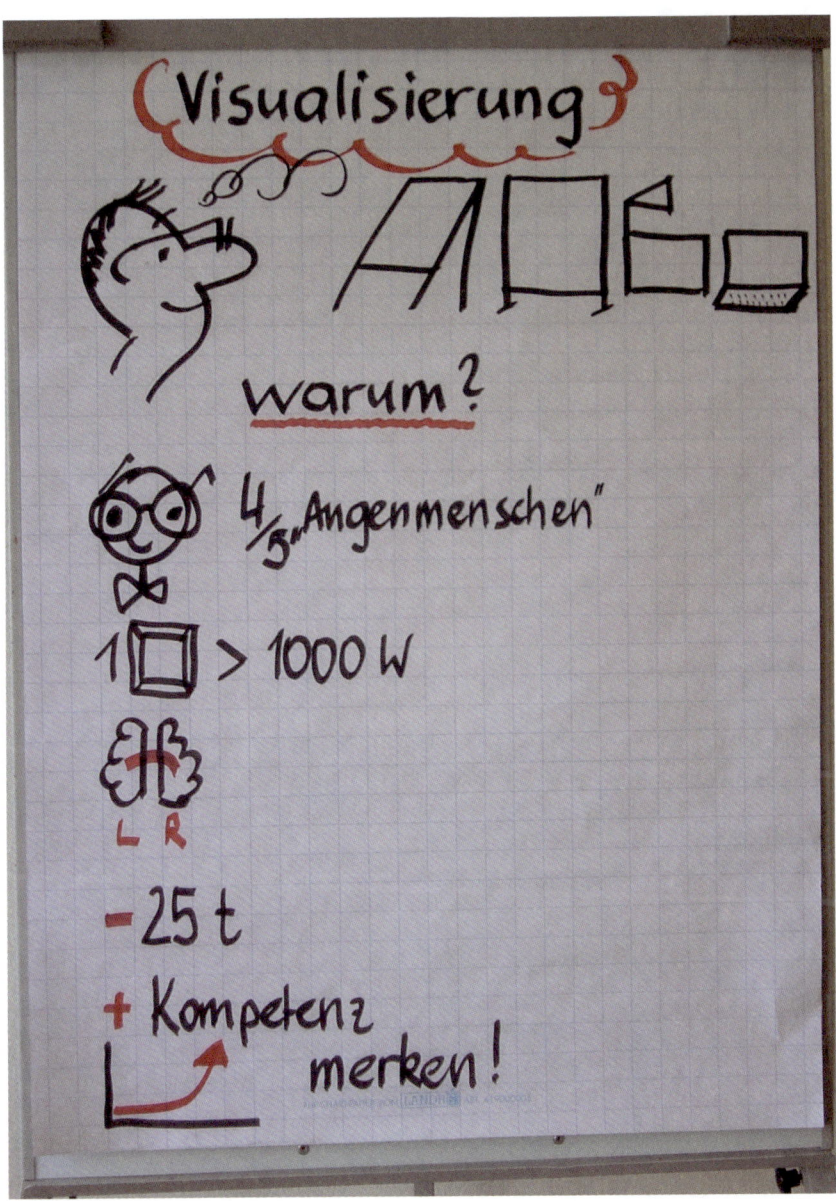

Ein Bild sagt mehr als tausend Worte

Wer strukturiert, führt!

Struktur und Gliederung

Führungskräfte weisen ihre Kompetenz insbesondere auch dadurch nach, dass sie in der Lage sind, Probleme zu erkennen, zu analysieren und aus einer übergeordneten Sicht darzustellen. Das gilt auch für Entwicklungsvorhaben und Projekte.

Diese oft sehr komplexen Sachverhalte einfach, klar, übersichtlich und folgerichtig zu gliedern, das ist die Fähigkeit der Meister. Nur wer das Thema wirklich durchdrungen hat, erkennt das Wesentliche. So können Profis vieles weglassen und das Eigentliche einfach darstellen. Und wenn Sie sich dann auch noch zwingen, für die ausgewählten Inhalte Strukturbilder zu entwickeln, wirken Sie sehr kompetent, sparen Zeit und die Mitarbeiter können gut folgen.

Die Entwicklung eines äußeren Rahmens, einer äußeren Form hat auch die innere Klarheit zur Folge. Die durchdachte und visualisierte Struktur diszipliniert Sie als Führungskraft selbst:

I Sie werden leichter Ihre Zeitvorgaben einhalten können.
I Sie werden in Diskussionen leichter am roten Faden bleiben.
I Sie werden Fragen besser zu- und einordnen können.

Gute Strukturierungen zeichnen sich durch Klarheit, Einfachheit und saubere Darstellung aus.

Sachverhalte übersichtlich darstellen

Ein Teil des Talents ist die Courage.
Bert Brecht

Werkzeuge und Tipps für die Visualisierung

Als Führungskraft haben Sie Mitarbeiter, die Ihnen die zeitraubende Material-vorbereitung für Ihre Präsentation abnehmen können.

Aber oft muss man auch selbst Hand anlegen oder aus einer Situation heraus handeln. Und da gilt:

Am besten einfach ausprobieren. Viele Dinge lernt man nur durchs Tun. Und wie Bert Brecht sagt, entsteht ein Teil des Talents dadurch, dass man sich was traut.

Welche Ingredienzien brauchen Sie für gelungene **Strukturbilder?**

▌ **Geometrische Formen:** Kreise, Rechtecke, Dreiecke und dergleichen sind leicht mit der Hand gezeichnet. Es gibt aber auch Klebe-Etiketten (Post-its) in vielen Formen und Farben. Und die Moderationsköfferchen sind wahre Fundgruben.

▌ **Text** für die Beschriftung: Hier müssen Sie sich in nobler Zurückhaltung üben: wenig, wenig, wenig!

▌ **Verbindungen:** Da bieten sich Linien, strichlierte Verbindungen, Pfeile, Wellenlinie an.

▌ **Symbole:** Mit Hilfe von Symbolen können Sie den Verbindungen Qualitäten zuordnen: Herz, Blitz, Fragezeichen, Rufzeichen, Krokodil, Knäuel können die Beziehung zwischen Strukturelementen eindrücklich verbildlichen. Mit Linien und Symbolen stellen Sie räumliche, zeitliche, kausale, logische, emotionale und viele andere Beziehungen dar.

Mit **Pfeillinien** lassen sich auch sehr abstrakte Begriffe darstellen.

Gestaltungstipps:
▌ Vorsicht vor Überladung
▌ Von links nach rechts, von oben nach unten
▌ Schrittweise entwickeln
▌ Farb- und Formlogik bewusst einsetzen

Literatur: Walter Buchacher/Josef Wimmer: Das Seminar

Zutaten für die rasche Visualisierung

Die Betroffenen beteiligen

Das Methodenrepertoire der Moderation für die Führung

Moderation ist ein **Allerweltswort** geworden. Überall wird „moderiert" – vom nationalen Wetterfrosch bis zu Thomas Gottschalk.

Als Führungskraft verwenden Sie in Ihren **Besprechungen einzelne Methoden** aus der Moderation oder Sie kaufen für einen Workshop einen externen Moderator zu. Der Bogen der Anwendung von Moderation spannt sich vom Punktekleben oder Kärtchenschreiben während eines Meetings bis hin zu länger dauernden Workshops.

Einzelne Moderationsmethoden passen dann gut in Besprechungen, wenn zum Beispiel das Meinungsspektrum der Teammitglieder durch Punktabfrage sichtbar gemacht werden soll oder die Ergebnisse von Gruppenarbeiten auf Kärtchen zusammengetragen werden sollen.

Für **Workshops** ist Moderation die ideale Arbeitsweise. Meist werden unter der Leitung von ein bis zwei externen Moderatoren gemeinsam mit den Betroffenen Lösungen erarbeitet. Wenn Sie z.B. in Ihrem Betrieb den internen Informationsfluss verbessern oder die Kundenbindung erheblich steigern wollen, dann ist Moderation gefragt.

In den beiden Beispielen werden bereits **einige Prinzipien** der Moderation sichtbar:

▌ Die Rolle des Moderators ist die eines **Entwicklers**. Er tritt nicht als Fachmann auf, der richtige Antworten gibt, sondern er hilft mittels **Fragestellung**, dass die Gruppe das Thema oder das Problem gut bearbeiten kann.

▌ Ein wichtiges Ziel von Moderation ist es, die **Akzeptanz für** getroffene **Entscheidungen** zu erhöhen. Das geschieht, indem die Betroffenen einbezogen sind, mitreden und mitentscheiden und das Potenzial der Mitarbeiter zum Mitdenken genutzt wird.

▌ Die Moderation stützt sich vor allem auf **zwei Techniken**: die **richtigen Fragen** und die geeignete **Visualisierung.**

Das Beherrschen von Fragetechniken gehört zur Grundausstattung eines Moderators. Die richtige Frage zur richtigen Zeit zu stellen, gehört dann schon zur hohen Kunst der Moderation.

Alle Schritte in der Moderation werden **visualisiert**. Das fördert das Mitmachen. Und alle Schritte werden **dokumentiert** (Fotoprotokoll). Das fördert die Verbindlichkeit.

Moderation — "Dem Ablauf Struktur geben"

Phasen Moderationszyklus	Funktion	Methoden
		A Arbeitskreis Diskussionsltg. **B** Besprechung moderieren **C** Projekt moderieren
1. Einstieg	Begrüßung, Start ☺ Klima	
	Orientierung, Ablauf Dauer	
	Ausgangslage, them. Bez. Ziele	Thema, Begriffe klären · Visualisierung · Erwartungen abfragen
2. Themen sammeln	Themenfeld ausleuchten Ideen zulassen	Thesen (Meinungslinie) · vorgegeben/ Brainstorming · → Themen-speicher
3. Themen auswählen	Prioritäten/Schwer-punkte setzen	Frageimpulse gut überlegen
4. Themen bearbeiten, diskutieren	auf Ergebnisse hinarbeiten	Diskussions-leitung · Gruppen-arbeit · Teilthemen, pro-contra · U-Prozedur, SPOT-Analyse
5. Maßnahmen planen	Umsetzung planen, Vereinbarungen	Ergebnis, Präsentation · Tätigkeitenplan (wer, was, bis wann, Erfolg)
6. Abschluss	Identifikation Rückblick Verabschiedung	Protokoll! · Ergebnis? Klima? · Blitzlicht, Frage+

Dem Ablauf Struktur geben

❚ In der Moderation kommen ganz **typische Materialien** zum Einsatz: Kärtchen in verschiedenen Farben, Formen und Größen, Klebepunkte, Wolken für Überschriften, Bewertungsskalen und natürlich Flipchart und Pinnwand als Arbeitsflächen.

Moderation ist immer **Maßarbeit** für Ihren Betrieb. Die gewählten Schritte und Methoden hängen von den Fragen und Aufgabenstellungen ab.

Trotzdem ist es hilfreich, ein Schema für einen Moderationsablauf anzugeben. Ein solches Schema für einen **Moderationszyklus** kennt folgende sechs Phasen: Einstieg – Themen sammeln – Themen gewichten und auswählen – Themen bearbeiten – Maßnahmen planen und Aktionsplan festlegen – Abschluss.

So könnte ein Moderator in der Einstiegsphase z.B. mit folgenden zwei Fragen beginnen:
❚ Wie bewerte ich die derzeitige Situation in unserem Betrieb?
❚ Was sind die Hauptgründe für die Unzufriedenheit in der Firma?

Daraus entsteht ein Bedarf an Verbesserungen. Themen sammeln heißt dann hier:
❚ „Was gibt es an Lösungsideen?". Alle Ideen aufschreiben, noch nicht diskutieren.

Der nächste Schritt ist das Auswählen z.B. mittels Klebepunkten:
❚ An welcher Idee möchte ich weiterarbeiten?

Sind maximal eine Hand voll Ideen ausgewählt, kann die Weiterarbeit arbeitsteilig in Kleingruppen erfolgen. Es entstehen konkrete Realisierungsvorschläge. Die Umsetzung wird in einem Maßnahmenplan festgehalten.

❚ Wer macht was bis wann?

Den Abschluss bildet ein Resumee jedes Einzelnen, z.B.
❚ Wie zufrieden bin ich mit dem heutigen Ergebnis?

Moderationsmethoden werden auf vielfältige Art bei Entscheidungsfindungsprozessen eingesetzt: in der Moderation von Workshops, aber auch in Arbeitskreisen, Besprechungen und im Projektmanagement.

Literatur: Walter Buchacher/Josef Wimmer: Das Seminar

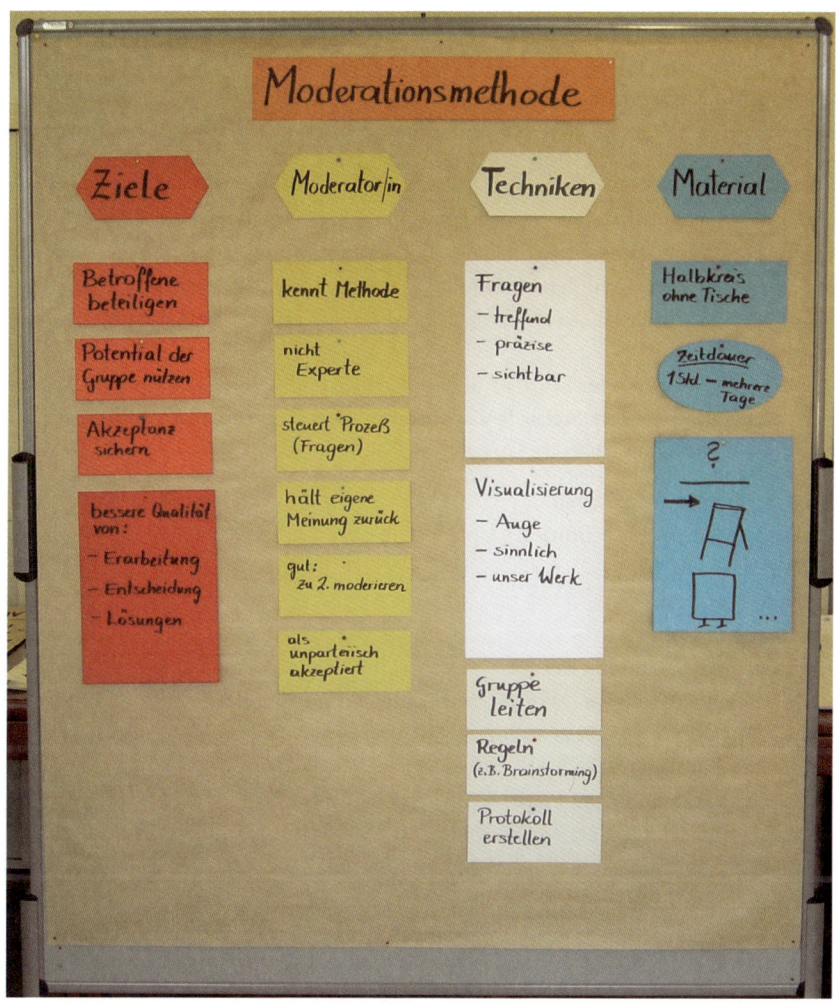

Moderation – Arbeit mit Methode

Es geschieht nichts Gutes, außer man tut es.

Maßnahmen planen – Maßnahmenplan

Das Meeting, die Sitzungen, das Arbeitskreistreffen, der Workshop oder eine andere Organisationsform der Beratung im Betrieb, geht zu Ende.

Um **Ergebnisse sicherzustellen** und die Veranstaltung mit konkreten Vorhaben abzuschließen, wird der Maßnahmenplan eingesetzt.. Der Maßnahmenplan gewährleistet eine realistische Vorgangsweise zur Umsetzung **konkreter Vereinbarungen**.

Die Moderatoren oder Sie als Führungskraft stellen dem Team, Ihren Mitarbeitern **eine vorbereitete Matrix in visualisierter Form** vor. Die notwendigen Spaltenüberschriften sind bereits vorgeschrieben.

Es geht darum, **festzulegen**…

…was (Maßnahmen-Definition),

…wer (Personen),

…wann (Zeitraum),

…bis wann (Termin),

…mit wem (Teambildungen),

…mit welchen Ressourcen (zeitlich, materiell und personell),

…wozu (Zielsetzung) etwas tut und

…wer wie kontrolliert,

…wie die **Rückmeldungen** an die Führungskräfte erfolgen,

…wie das **Team informiert** werden soll.

Wählen Sie jene Fragen für den Maßnahmenplan aus, die zur Zielerreichung wichtig sind.

Der Maßnahmenplan ist der Ertrag und das Kernstück eines Arbeitsprozesses. Deshalb muss sehr sorgfältig und konkret an den Formulierungen und Festlegungen gearbeitet werden.

Die Festlegungen müssen zu **bewältigen** und vom Team selbst **umsetzbar** sein. Wünsche an das Christkind haben hier keinen Platz.

Auch dürfen hier keine Aufgaben Dritten zugeteilt werden, von denen nicht bekannt ist, ob sie der Aufgabe gewachsen sind.

Als Führungsperson haben Sie damit eine klare Ablaufstruktur, die Zuteilung der Verantwortlichkeiten, das Timing und das Controlling in Händen.

Literatur: Josef Seifert, Visualisieren, Präsentieren, Moderieren

Strukturraster für Arbeitsvorhaben

Auf die Wirkung kommt es an

Lenkungstechniken für die Gesprächsleitung

In der Diskussionsleitung und Führung von Arbeitsgruppen müssen oft **Emotionen aufgefangen**, **Angriffe pariert**, die Gespräche in Gang gehalten und **Störungen** aller Art neutralisiert werden.

Als Führungskraft geben wir Ihnen ein paar **Qualitätswerkzeuge** in die Hand:

▌ Die **sieben goldenen Gegenfragen** für Notsituationen:
Wie meinen Sie das genau?
Wie soll ich das verstehen?
Worauf genau beziehen Sie Ihre Frage?
Wie denken Sie selbst darüber?
Welche Antwort erwarten Sie von mir?
Aus welchen Gründen fragen Sie mich das?

▌ **Delegieren**
Eine interessante Frage. Wer in der Gruppe hat dazu Erfahrung?

▌ **Konkretisieren lassen**
Mit welchen aktuellen Daten können Sie Ihre Aussagen belegen?
Wissen Sie dazu ein konkretes Beispiel?

▌ **Interpretieren lassen**
Ich bin nicht ganz sicher, ob ich verstanden habe, was Sie meinen. Ist es das, was Sie meinen? Wollen Sie damit sagen, dass …

▌ **Zusammenfassen lassen**
Könnten Sie das noch einmal für das Protokoll in Kurzform zusammenfassen?

▌ **Vorschläge erbitten**
Was könnte man hier sonst noch alles tun?
Fällt Ihnen vielleicht noch etwas anderes ein?

▌ **Pausen machen**
Dieses Thema sollten wir erst nach der Pause bearbeiten. Da können wir uns in der Zwischenzeit schon Gedanken machen.

▌ **Aktives Zuhören**
Sie sind also der Meinung …
Sie sind darüber ganz schön verärgert.

❚ **Kartentechnik und Punktekleben aus der Moderation einsetzen**

Schreiben Ihre Pro-Argumente auf gelbe Kärtchen, Ihre Contra-Positionen auf blaue.

Kleben Sie einen Punkt neben jenes Argument, das Ihnen am ehesten entspricht.

❚ **Am Thema dran bleiben**

Glauben Sie, dass diese Frage direkt mit unserem Thema zusammenhängt?

Ich möchte zuerst Problem A fertig bearbeiten.

❚ **Stopp-Strategie**

Halt, ich möchte so nicht weiter diskutieren.

❚ **Metakommunikation**

Merken Sie eigentlich, wie Sie miteinander umgehen?

Ich möchte das in meinen Besprechungen nicht.

Literatur: Stroebe, Kommunikation

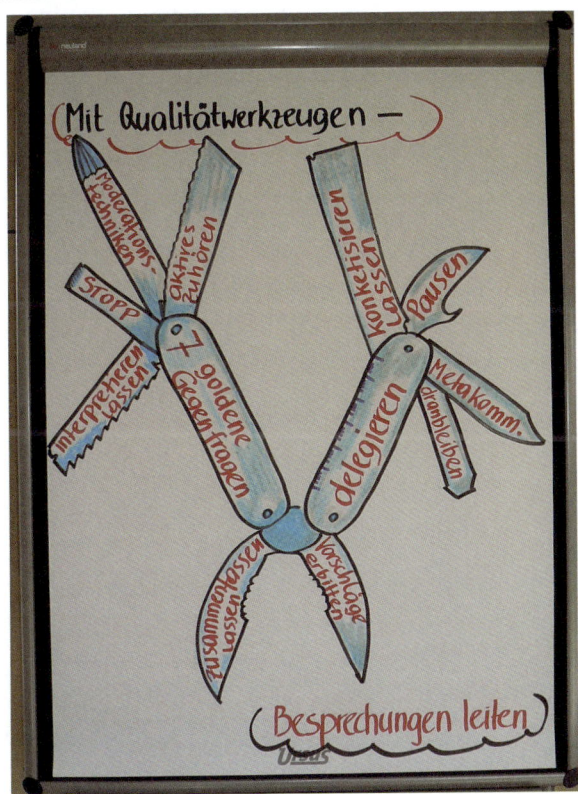

*Der Leatherman für
Gesprächsführung*

7. Motivation

Ist Motivation ein Mythos oder
kann Motivieren gelernt werden?
Ja! Denn: Motivation ist immer
die konkrete, ernsthafte und
wertschätzende Auseinandersetzung
mit dem einzelnen Mitarbeiter.
Allerdings kann nur die
akzeptierte Führungskraft
motivieren.

Motivation hat mit Beziehung zu tun: Vorbemerkung

„Man sieht nur mit dem Herzen gut."

Mitarbeitermotivation ist eine der Hauptforderungen an Führungskräfte. Es lohnt sich, einen Blick auf ein bestechend einfaches **Kommunikationsmodell** zu werfen, um vertiefend zu verstehen, was sich in Arbeitsvorgängen zwischen Personen – damit natürlich auch zwischen Ihnen als Führungskraft und Ihren Mitarbeiter – abspielt. Kommunikation ist ein Wechselspiel zwischen Sender und Empfänger, in dem **verbal und bedeutend intensiver nonverbal** Information, Reaktion und Gegenreaktion ausgetauscht werden.

Wenn Sie zwei Kommunikationspartner beobachten, so können Sie den **Inhalt** wahrnehmen, das, was man mitprotokollieren kann. Sie stellen aber auch gleich fest, dass bedeutend mehr dahinter steckt: **Wie** wird etwas gesagt? Wie reagiert der/die andere darauf? Was drücken **Mimik, Gestik** und **Körperhaltung** aus? Bildlich gesprochen gibt es oberhalb der Tischfläche das offizielle Thema (Inhalte) und unter dem Tisch die Frage, wie die beiden zueinander stehen **(Beziehung).**

Ist die Beziehung **tragfähig und gut**, so wird mit dem Inhalt wohlwollend umgegangen. Da kann es dann leicht vorkommen, dass fünf auch einmal gerade sein darf.

Ist die Beziehung **belastet und gestört**, wird der Inhalt abgelehnt, für unbrauchbar erklärt, nicht ernst genommen, nur äußerlich mit Maske zugestimmt und innerlich darf man „den Buckel hinunterrutschen".

Wir können mit Paul Watzlawick zusammenfassen:

Jede Kommunikation – und damit auch jeder Kontakt zwischen Führungsperson und Mitarbeiter – hat einen Inhalts- und Beziehungsaspekt, wobei der **Beziehungsaspekt den Inhaltsteil bestimmt, definiert und überlagert**.

Bei neutraler oder kühler Beziehungsebene können Informationen bestenfalls zu Wissen werden. Bei einer guten Beziehungsebene werden Informationen zu **Botschaften, die zu Überzeugungen führen**.

Wenn Motivation durch Führungskräfte überhaupt möglich ist, dann nur auf Basis einer tragfähigen Beziehung!

Literatur: Walter Buchacher/Josef Wimmer: Das Seminar

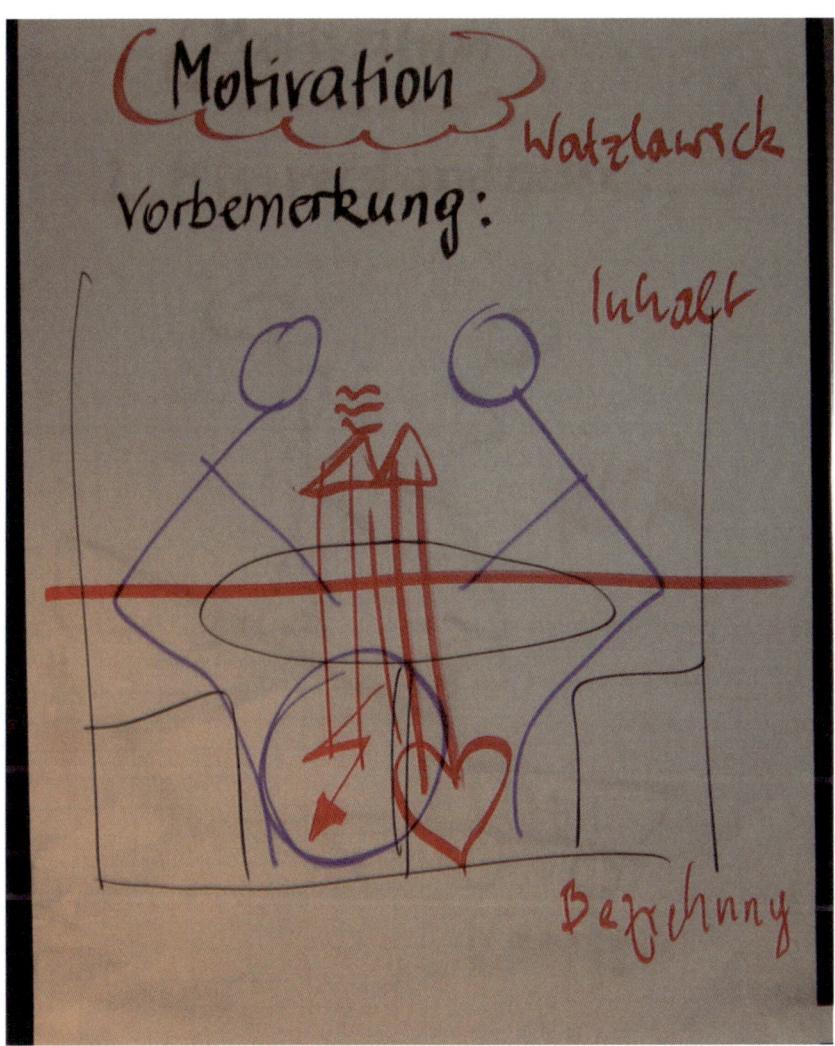

Die tragfähige Beziehung ist Voraussetzung für Motivation.

Wer nicht hören will, muss fühlen!

Missverständnisse von Motivation

KITA und **KAROTTE** sind die zwei am weitesten verbreiteten Missverständnisse von Motivation.

Kick **i**n **t**he **a**ss! **bewegt** Mitarbeiter zwar **augenblicklich**, aber nur solange jemand hinter ihnen steht und den Druck aufrechterhält.

Und wenn die Katze fort ist, tanzen die Mäuse.

Körperliches KITA kommt augenscheinlich nicht mehr vor, krank machende Arbeitsbedingungen führen aber in vielen Unternehmen zu **Rückzug, Gleichgültigkeit, fehlerhafter Arbeit und Krankenständen**.

Psychisches KITA erzeugt **Druck auf die Seele** von Mitarbeitern. Ignorieren, Herabwürdigen, Bloßstellen, ungenügendes Informieren, Drohen, Verunsichern, mangelnde Wertschätzung für Person und Leistung erschüttern Menschen in ihrem Selbst. In einer (Arbeits-)Welt , in der Gefühl und Befindlichkeit als Schwäche definiert werden, „fressen" Mitarbeiter diese Kränkungen „in sich hinein" – und werden **krank**, weil im Gehirn die Psyche zur Biologie wird: Durch Ausschüttung der Botenstoffe Cortisol und Noradrenalin wird der Körper unter **Stress** und in **Panik** gesetzt. Diese Vorgänge entziehen sich der Kontrolle des Willens.

KITA kann kurzfristig und punktuell zu Leistung führen. Doch mittelfristig gehen Initiative, Entscheidungsfreudigkeit, Indentifikation mit der Firma und Engagement verloren und Mitarbeiter tun nur noch das, wozu sie gedrängt werden.

KITA abzulehnen fällt vielen Führungskräften mental leicht. Deshalb versuchen sie es mit **KAROTTE**: dem Esel die Karotte vor die Nase halten, damit er „**freiwillig**" geht. Viele Führungskräfte glauben immer noch, durch in Aussicht gestellte Lohnerhöhungen, Beförderungen, Belohnungen und andere „delikate" Verlockungen Mitarbeiter dauerhaft motivieren zu können. So vorteilhaft die Karottenmethode zunächst wirkt, so hat sie doch erhebliche **Tücken**. So müssen Sie etwa sicher sein, dass Sie überhaupt die „richtige" Karotte und davon einen entsprechenden Vorrat haben. Und vor allem: Was tun Sie, wenn die Karotte verzehrt ist? Hier ist die Grenze zur Manipulation sehr schmal.

Wir erkennen, dass sich bei Anwendung von KITA und KAROTTE Mitarbeiter nur dann bewegen, wenn sie von **außen „gestoßen"** oder **„gezogen"** werden. Und das ist keine echte Motivation.

Alfred Polgar: „Es ist sehr schwierig, Menschen hinters Licht zu führen, sobald es ihnen aufgegangen ist."

Für Reinhard Sprenger kann echte Motivation nur von innen kommen (intrinsisch).

Literatur: Rainer W. Stroebe, Motivation; Bauer, Prinzip Menschlichkeit; Sprenger, Mythos Motivation

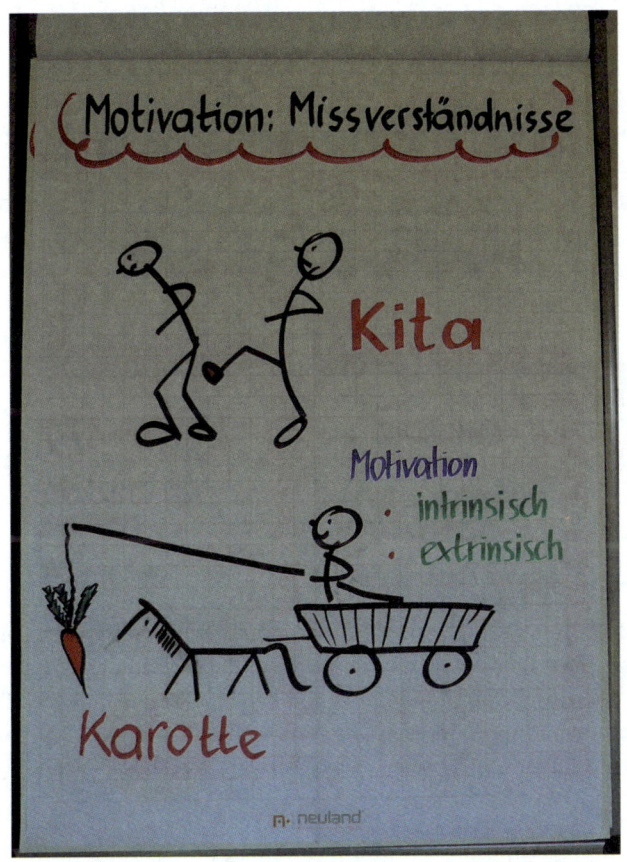

Missverständnisse über Motivation

Mit viel Energie ins Ziel

Ein jeder Wunsch, wenn er erfüllt, zeugt augenblicklich Junge.
Wilhelm Busch

Motivation ist der Motor für Tätigkeiten. **Motivation ist Energie:** Energie, die in einem nicht ausreichend gefüllten „**Bedürfnis**tank" (Motive) und aus unseren zentralen Werten heraus produziert wird. Wenn wir ein **klares Ziel** vor Augen haben, bündelt sich die Energie auf dieses Ziel hin. Das Ziel wird umso reizvoller empfunden, je höher es in unserer Wertehierarchie angesiedelt ist.

Also: Hinter jedem Verhalten steht ein **Motiv**, jedes **Verhalten** ist auf ein **Ziel** gerichtet.

Wenn Sie als **Führungkraft** das Verhalten von Mitarbeitern nachhaltig verändern wollen, ist Ihr einziger sinnvoller Ansatzpunkt die Motivlage oder die Zielklarheit.

Bedürfnisse sind nicht gleichwertig, sie sind nach der **Bedürfnispyramide** hierarchisch geordnet (Abraham Maslow). Das nächsthöhere Bedürfnis tritt erst dann auf, wenn das darunter liegende befriedigt ist.

1. Stufe 1: **Physiologische Bedürfnisse**
   Am Arbeitsplatz sind damit Helligkeit, ausreichend gute Luft und Raum, ergonomische Möbel, Pausen und Arbeitszeiten und ein für den Lebensunterhalt ausreichendes Einkommen gemeint.

2. Stufe 2: **Sicherheitsbedürfnisse**
   Dieses Bedürfnis wird durch die Sicherheit des Arbeitsplatzes, eine transparente innere Organisation und klare, verständliche Anweisungen bedient.

   Die Stufen 1 und 2 beschreiben materielle, existenzielle Bedürfnisse.

3. Stufe 3: **Soziale Bedürfnisse**
   Das Bedürfnis nach Kontakt, Beziehung und Dazugehörigkeit braucht die Gruppe, das Team und das gelungene Betriebsklima als Ort der Umsetzung. Werde ich wahrgenommen und gehört? Bin ich in den Kaffeerunden willkommen? Werde ich ständig versetzt? – Das sind Fragen, die sich in dieser Bedürfnisstufe stellen. **Soziale Isolation** hat psychosomatische Auswirkungen und macht krank.

4. Stufe 4: **Bedürfnis nach Anerkennung**
   Bestätigung und Anerkennung tut jedem Menschen gut. Manche gewinnen Bestätigung aus der Bewältigung von Aufgaben, andere aus dem **Lob**

von Kollegen und Vorgesetzten, der zwischenmenschlichen **Anerkennung, Wertschätzung, Zuwendung** oder gar Zuneigung. (Leider befinden sich auf dieser Stufe immer auch Menschen, die in Stufe 2 und 3 zu wenig bekommen haben und geradezu mit einer Gier nach Anerkennung ihr Defizit überkompensieren.)

5. Stufe 5: **Bedürfnis nach persönlichem Wachstum und Leistung**
    Ich will gute Leistungen erbringen, das tun, wozu ich mich berufen fühle, Spontanität und Grenzen erfahren, mich selbst verwirklichen – das sind die stärksten Antriebskräfte.
    Die 4. und 5. Stufe sind die Wachstumsbedürfnisse.
    Je mehr die Wachstumsbedürfnisse befriedigt werden, desto stärker werden sie. Die Motivation kommt von innen heraus.

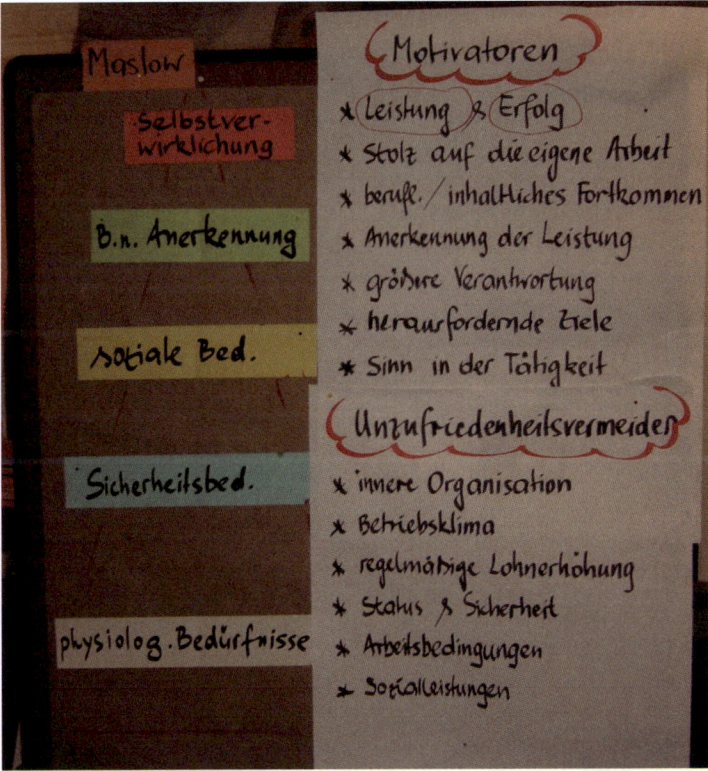

Zusammenhang Maslow und Herzberg

Nichts motiviert mehr als der Erfolg!

Unzufriedenheitsvermeider und Motivatoren

„Jetzt haben wir frisch ausgemalt, neue Büromöbel angeschafft und sogar Flach-
bildschirme haben wir uns geleistet. Aber motiviert ist trotzdem niemand."
   Welche Führungskraft kennt das nicht! Unter größten Anstrengungen werden sogar in schwierigen Zeiten die Arbeitsbedingungen verbessert, aber die
Freude darüber hält nicht lange an.
   Mit Frederik **Herzberg**s **Zweifaktoren-Modell** können wir dieses Phänomen ein-
leuchtend erklären.

Faktorengruppe: **Unzufriedenheitsvermeider**
Werden diese Faktoren im Betrieb, in der Institution erfüllt, dürfen sich Führungskräfte daraus keinen Motivationsschub erwarten. Es wird lediglich Unzufriedenheit der Mitarbeiter vermieden. Werden die Faktoren nicht erfüllt,
führt das zu Unzufriedenheit.

- Innerbetriebliche Organisation
- Arbeitsbedingungen
- Betriebsklima
- Status und Sicherheit
- Regelmäßige Lohnerhöhungen
- Sozialleistungen

Sie können jeden dieser Punkte so lesen: Gibt es betriebliche Zuschüsse zum
Mittagstisch (Sozialleistung), ist deshalb kein Mitarbeiter motiviert. Werden
die Zuschüsse gestrichen, führt das zu großer Unzufriedenheit.

Faktorengruppe: **Motivatoren**
- Leistung und Erfolg
- Stolz auf die eigene Arbeit
- Berufliches/ inhaltliches Fortkommen
- Anerkennung der Leistung
- Größere Verantwortung
- Herausfordernde Ziele
- Sinn in der Tätigkeit

Ein erheblicher Teil der Motivation kommt aus der **Tätigkeit selbst**. Aber auch **Sie als Führungskraft** sind gefordert: Ziele vereinbaren im Mitarbeitergespräch, größere Verantwortung übertragen, Mitarbeiter entwickeln, Leistung wahrnehmen und auch anerkennen – das sind Führungsaufgaben der unmittelbar Vorgesetzten.

Als Führungskraft haben Sie also eine **doppelte** Aufgabe:

1. ermöglichen Sie es Ihren Mitarbeitern, in der Arbeit selbst Befriedigung zu finden und

2. sorgen Sie für betriebliche Verhältnisse, die den Mitarbeitern keinen Anlass zur Unzufriedenheit geben.

Literatur: Walter Simon, Führung und Zusammenarbeit

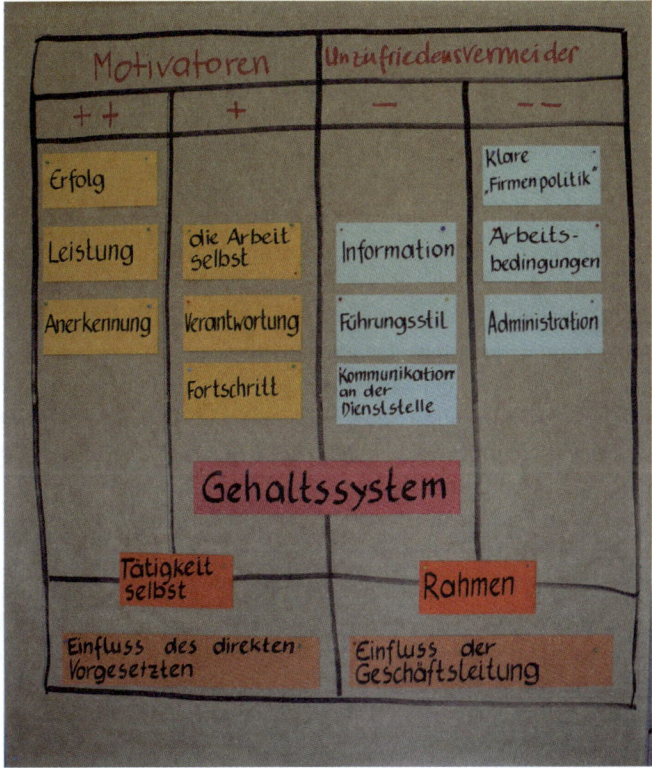

Wer nicht unzufrieden ist, ist deshalb noch lange nicht motiviert

In der Arbeit aufgehen

Das Flow-Modell

Sicher haben Sie schon einem kleinen Kind dabei zugeschaut, wie es Baustein auf Baustein legt, um einen hohen Turm zu bauen. Um selbstverständlich von neuem zu beginnen, wenn der Turm umfällt. Kinder gehen dabei so in einer Sache auf, dass sie alles um sie herum zu vergessen scheinen. Diese Aktivität nennt der Autor mit dem unaussprechlichen Namen (Mihaly Csikszentmihalyi) ein „Flow-Erlebnis".

Welche **Zutaten** führen zum Flow?

▌ Ich weiß, was der richtige nächste Schritt ist.

▌ Trotz hoher Anforderung habe ich das Gefühl, das Geschehen unter Kontrolle zu haben.

▌ Die Schritte laufen flüssig wie nach einer inneren Logik ab.

▌ Die Konzentration kommt aus der Tätigkeit selbst.

▌ Ich vergesse die Zeit.

▌ Ich verschmelze mit meiner Tätigkeit.

Solche Erlebnisse erzeugen **Glücksgefühle** und motivieren stark.

Wie können wir **Flow für die Arbeit nützen**?

Flow entsteht im **„mittleren Schwierigkeitsgrad"**, also dort, wo sich der Grad der Anforderung mit der persönlichen Leistungsfähigkeit treffen. Oder umgekehrt: Wenn Mitarbeiter Aufgaben übertragen bekommen, die von ihrer Schwierigkeit individuell zwischen Überforderung und Unterforderung angesiedelt sind.

„Wenn ich mich anstrenge, dann schaff ich´s!" – das ist für Mitarbeiter **die** motivierende Herausforderung.

Für Führungskräfte ist es schwierig, das Leistungsniveau der Mitarbeiter genau einzuschätzen und den Schwierigkeitsgrad der jeweiligen Aufgabe für die betroffene Einzelperson zu beurteilen. Binden sich deshalb die Betroffenen in Ihre Überlegungen und in die Entscheidung ein. **Machen Sie Betroffene zu Beteiligten.**

Wann haben Sie sich zuletzt **überfordert** gefühlt? Dieses Gefühl vergisst man nicht leicht! **Unsicherheit, Stress und Angst** schütten im Gehirn Botenstoffe aus, die unsere Handlungsfähigkeit noch weiter einschränken, zu Fehlern und Frustration führen.

Dauert die Überforderung länger an, werden Menschen **krank**. Und bekanntlich sind Mitarbeiter Menschen.

Wer Unterforderung als gemütlichen Zustand interpretiert, irrt. **Unterforderung** führt zu den gleichen Folgen wie Überforderung. Langeweile, Frust und Unzufriedenheit werden oft mit Flucht aus dem Arbeitsfeld beantwortet: Flucht ins Private, Flucht in den Sport oder in den PEB (Pensionserwartungsbunker)

Literatur: Mihaly Csikszentmihalyi, Das flow-Erlebnis

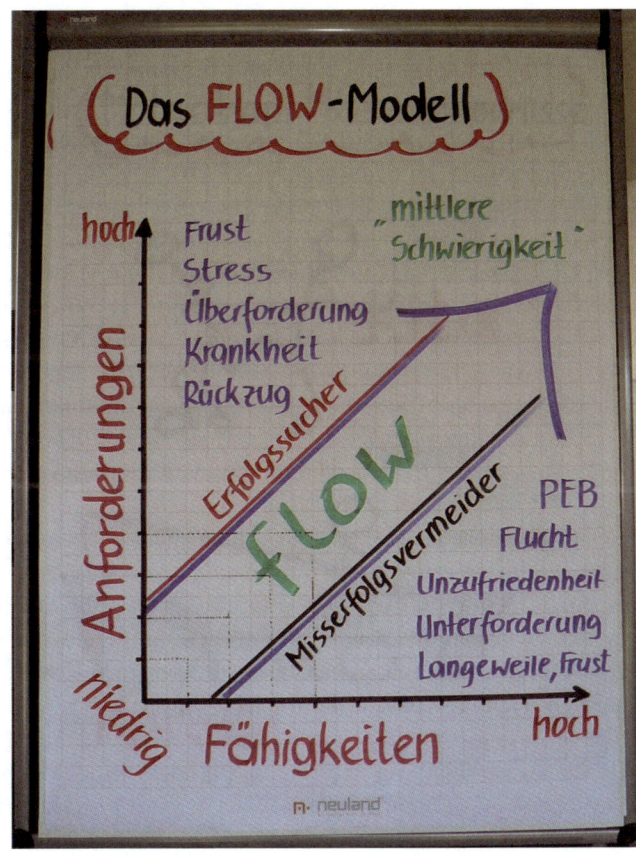

FLOW – in dar Arbeit aufgehen

Dem Tüchtigen gehört die Welt

Von Erfolgssuchern und Misserfolgsmeidern

Sie haben in Ihrem Unternehmen Mitarbeiter verschiedenen Zuschnitts. Sie werden **zwei Haupttendenzen** erkennen:

▌ Personen, die aktiv und selbstbewusst, zielstrebig und realistisch, reflektiert und eigenverantwortlich an Arbeiten herangehen und erfolgreich sein wollen: **die Erfolgssucher.** Sie brauchen Freiräume und Gestaltungsmöglichkeiten, um zu Höchstleistung auflaufen zu können.

▌ Personen, die die Dinge auf sich zukommen lassen und abwartend auf Nummer sicher gehen, die gerne Routineaufgaben abarbeiten und nach Anleitung vorgehen, die Kritik verunsichert und lange brauchen, bis sie sich von einem Misserfolg wieder erholt haben: die **Misserfolgsmeider.**

Im Flow-Modell tanzen die **Erfolgssucher** im Flow-Bereich und gehen gerne an oder gar über die obere Kante der Anforderungen. Diese Mitarbeiter sind **Motoren für die Dynamik und Entwicklung** in Ihrem Betrieb. Aber **Achtung**: Wer immer auf Hochtouren läuft, **brennt aus.** Pflegen Sie Ihre besten Rösser im Stall, indem Sie sie manchmal bewusst zurücknehmen. Zum Glück sind Erfolgssucher auch realistisch: Ihr Erfolg begründet sich zu einem guten Teil darin, dass sie **Herausforderung und Überforderung**, **Entspannung** und **Unterforderung** unterscheiden können. Erfolgssucher wählen nicht extrem leichte und extrem schwierige Aufgaben, sondern Aufgaben im mittleren Schwierigkeitsgrad.

Bei den **Misserfolgsmeidern** verhält es sich anders: Sie suchen ganz leichte Aufgaben, um sich möglichst **keiner Leistungssituation** auszusetzen. Die Motivation ist: nur keinen Misserfolg haben. Ist die Aufgabe bewältigt, stellt sich nicht Freude ein, sondern Erleichterung. Gleichzeitig melden sich Misserfolgsmeider auch für extrem schwierige Aufgaben, um sich selbst zu bestätigen, dass das auch sonst niemand geschafft hätte.

Als Führungskraft müssen Sie Mitarbeiter mit dieser Tendenz behutsam, aber konsequent in den mittleren Schwierigkeitsgrad führen.

Literatur: Jörg Zeyringer, Die 11 Gesetze der Motivation im Spitzensport

Erfolgssucher Misserfolgsvermeider

	Erfolgssucher	Misserfolgs-vermeider
Gefühl bei Erfolg	Freude Stolz Motivation	Erleichterung „Hätten andere auch geschafft!"
Gefühl bei Misserfolg	Enttäuschg. → neue Wege → neuer Start → Analyse	Bestätigung → „hab's eh gewusst" → „Das nächste Mal wird's wieder nix!"

Wenn ich mich anstrenge, schaff ich's!

n· neuland

Gefühle bei Erfolg und Misserfolg

8. Konflikte bearbeiten

Wo Menschen zusammen leben oder arbeiten, gibt es immer auch unterschiedliche Vorstellungen darüber, was, wann, wie, von wem ... gemacht werden soll.
Solche Unterschiede sind normal. Entscheidend ist, wie mit ihnen umgegangen wird. Werden sie produktiv verarbeitet oder führen sie zu schwer wiegenden Konflikten? Führungskräfte müssen unterschiedliche Auffassungen und Konflikte gut handhaben können. Dann schaffen sie mit Garantie dauerhafte gute Arbeitsbeziehungen.

Konflikte sind normal

In der Art des Umgangs mit Konflikten zeigt die Führungskraft ihre Kompetenz

Die **häufigsten Gründe** für das Entstehen von Konflikten sind
▮ unterschiedliche Wertvorstellungen, was richtig, wichtig oder dringlich ist;
▮ unterschiedliche Ziele: Oft wird über Wege gestritten, das Ziel hat man bereits aus den Augen verloren.
▮ unterschiedlicher Informationsstand
▮ unterschiedliche Vorstellungen über die richtigen Methoden, Vorgehensweisen, Wege.
▮ gestörte zwischenmenschliche Beziehungen durch
  ✓ Mangel an Vertrauen
  ✓ Gefühl von Benachteiligung
  ✓ Druck, Zwang oder Einschränkungen

Solche Gründe treten im beruflichen und privaten Alltag laufend auf. Wenn solche Gegensätze aufeinanderprallen und eine Auseinandersetzung entsteht, so sprechen wir von einem Konflikt.
„Ein Konflikt ist das Auftreten von Kämpfen und Kollisionen zwischen zwei oder mehreren Personen, wenn Verhaltensweisen und Bedürfnisbefriedigung in Gegensatz geraten oder wenn die Wertvorstellungen der einzelnen Personen differieren." (Thomas Gordon)

Konflikte werden in der **Streitphase** meist als belastend und bedrohlich empfunden. Die **Lösungsphase** eines Konflikts bringt oft Erleichterung und nicht selten eine Vertiefung der Beziehungen.
   Konflikte sind **Krise und Chance zugleich**. Gute Konfliktlösungskompetenz bedeutet, Konfliktsignale rechtzeitig zu erkennen, eine Eskalation zu stoppen, den Konflikt anzusprechen und Bearbeitungsstrategien anzuwenden.
   In Konfliktsituationen beweist die Führungskraft, was sie kann.

Ein Konflikt entsteht

Auf die ersten Anzeichen achten:

Konfliktsignale frühzeitig erkennen

Ursachen für Konflikte im sozialen Feld des Arbeitsplatzes können sein:
- Wettbewerb um Aufgaben, Einkommen, Aufstieg (Verteilungskonflikt)
- unterschiedliche Standpunkte, Normen, Werte (Bewertungskonflikt)
- unterschiedliche Erfahrungen und Informationen, fehlende Gerechtigkeit (Beurteilungskonflikt)
- ungeklärte Beziehungen, „mag mich/mag mich nicht" (Beziehungskonflikt)
- widersprüchliche Aufgaben, z. B. Qualität – Quantität (Rollenkonflikt)
- persönlichkeitsbedingte Defizite und negative Erfahrungen (persönlicher Konflikt)

In die allermeisten Konflikte schlittern Personen regelrecht hinein. Aus einem Gefühl von Verunsicherung, Benachteiligung oder Nicht-ernst-genommen-Werdens verengt sich das Blickfeld und die Kommunikation.
Erste Konfliktsignale sind dann:
- Unbelehrbarkeit, „Nein", „Aber"
- stereotype Wiederholung der eigenen Sicht
- in die Defensive gehen, „Immer ich"
- Realitätsverzerrung oder -trübung
- geistige und emotionale Absenz, wirkt wie ferngesteuert

Werden solche Signale wahrgenommen, so können solche Situationen sehr gut mit Ich-Botschaften und Aktivem Zuhören angesprochen werden.

Konflikte treten **häufiger** auf und werden schnell intensiver, wenn:
- die formale Stellung des Leiters/der Leiterin nicht klar ist
- die Führungskraft schwach auftritt (konzeptlos, chaotische Gesprächsführung, nicht vorbereitet) oder starr und unflexibel agiert („Amtsschimmel")
- alte Geschichten mitschwingen und
- die beteiligten Personen sich nicht verstanden und ernst genommen fühlen („Drüberfahren")

Konfliktsignale
frühzeitig erkennen!

- Unbelehrbarkeit
- stereotype Wiederholungen
- Defensive
- Realitätsbild verzerrt
- wirkt wie ferngesteuert

- formale Stellung der Leitung unklar
- Leitung schwach/starr
- alte Geschichten aufwärmen
- über andere wird "drübergefahren"

Konfliktsignale

Von der feinen Klinge bis zu fliegenden Äxten – die Sprache im Konflikt

Ein Konflikt wird an der Sprache sichtbar und über **Aggression in der Sprache.**

Wir unterscheiden **Feinformen** und **Grobformen** verbaler Aggression.

Gemeinsam ist allen, dass der/die andere nicht als gleichgestellte Person akzeptiert wird. „Ich bin stärker und du hast das gefälligst zu akzeptieren", ist die Botschaft. Wenn sich das zwei gleichzeitig denken, ist die Eskalation vorprogrammiert.

Zu den **Feinformen verbaler Aggression** zählen:

▮ absolutes Behaupten, dogmatisches Sprechen (Ich bin im Besitz der Wahrheit. Ich habe Recht.)

▮ von oben herab sprechen, Überlegenheit demonstrieren (Ich bin dir überlegen, sei vernünftig und gib nach.)

▮ Methoden der Machtausübung, z.B. auf die eigene Stellung in der Hierarchie verweisen (Einem Abteilungsleiter gegenüber benimmt man sich ordentlich.) oder sich in verstiegener Fachsprache ausdrücken (Du siehst ja, da verstehst du nur Bahnhof.)

▮ ausweichen, nicht Stellung nehmen, jemanden abblitzen lassen

▮ eine geheime Strategie im Hintergrund vermuten lassen (Du wirst schon noch sehen …)

▮ unterbrechen, dem anderen ins Wort fallen

Wird solches Verhalten nicht angesprochen und geklärt, kommt es zu Rückzug/Aufgabe oder Verteidigung und (Gegen-)Angriff.

Die Auseinandersetzung nimmt an Schärfe zu, wenn der andere nun auch noch in seiner Würde angegriffen und verletzt wird.

Das sind die **Grobformen verbaler Aggression**:

▮ Beschimpfung (Abwertung des anderen)

▮ Beschuldigung (andere verunsichern und verfügbar machen)

▮ Totreden/Niederreden (Ich rede – du schweigst!)

▮ Totschweigen, abblitzen lassen (Mir reicht's!)

Aus einer derart eskalierten Situation auszusteigen braucht eine „Vorleistung des stärkeren Streitteils" (Gertraud Höhler) oder eine dritte Person, die „Stopp" sagt.

Literatur: Gertraud Höhler: Herzschlag der Sieger

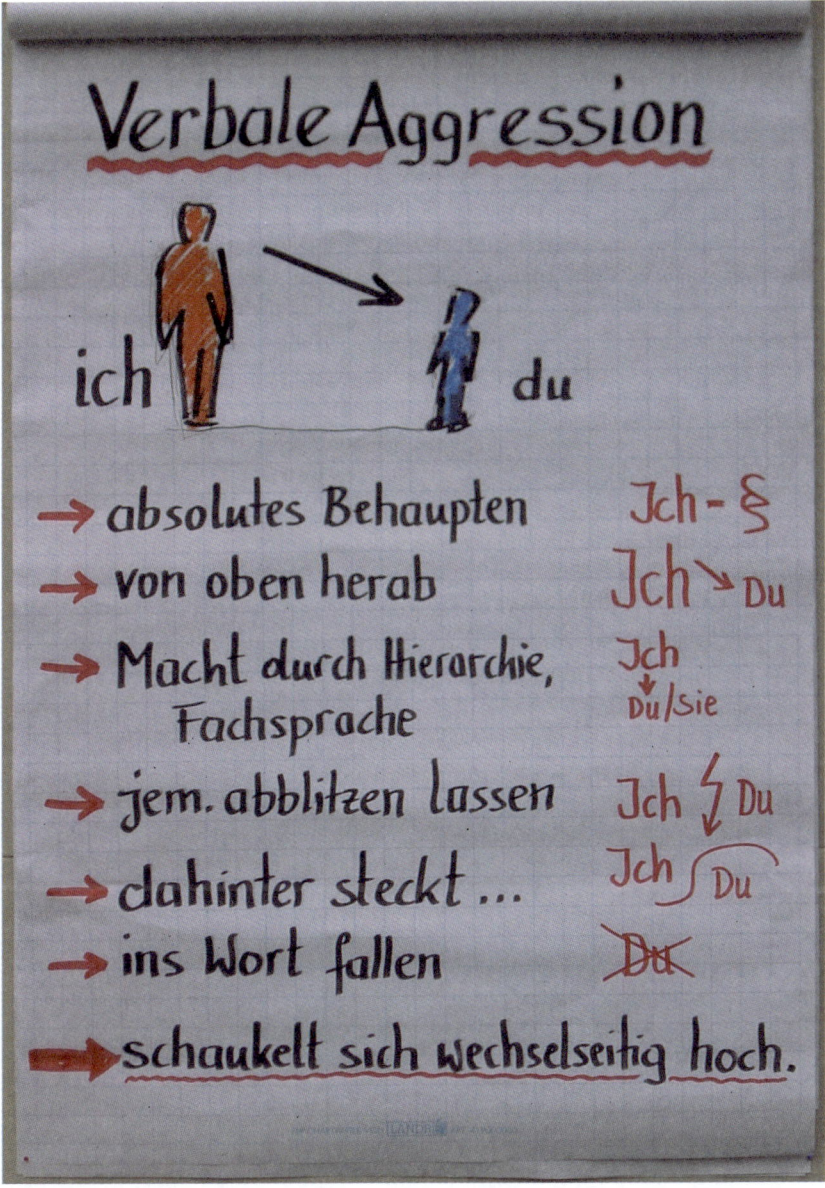

Formen verbaler Aggression

Die Eigendynamik von Konflikten – Eskalation die Kellerstiege hinunter!

Ist ein Konflikt einmal losgetreten, entwickelt er eine **Eigendynamik**: Die Konfliktparteien steigern wechselseitig die Dosis und der Konflikt verschärft sich so, dass am Ende beide Seiten zugrunde gehen. Das **Verhältnis von Verstand und Gefühl verschiebt sich** mit zunehmender Eskalation. Der Affekt galoppiert zerstörerisch voran und der Verstand liefert hinterher vielleicht die Argumente dafür.

Der Konfliktforscher Friedrich Glasl hat **neun Eskalationsstufen** hinunter in den Keller beschrieben, gültig für Konflikte in der internationalen Politik genauso wie im Betrieb oder im häuslichen Rosenkrieg.

Stufe 1: Verhärtung

> Standpunkte verhärten zuweilen, prallen aufeinander, Gespräche oft krampfhaft, in Summe überwiegen die kooperativen Anteile

Stufe 2: Debatte

> Schwarz-weiß-denken und argumentieren, den anderen niederreden, Überlegenheit ausspielen, Diskrepanz von „Oberton" und „Unterton", kooperative und konkurrierende Anteile halten sich die Waage.

Stufe 3: Taten statt Worte

> „Reden hilft nichts mehr, also Taten!", Strategie der vollendeten Tatsachen, Gefahr: Fehldeutung der Taten, pessimistische Erwartung aus Misstrauen bewirkt Konfliktbeschleunigung, Einfühlungsvermögen geht verloren, Konkurrenzanteile überwiegen.

Stufe 4: Koalitionen

> Schlechtmachen, Gerüchte verbreiten, verdecktes Sticheln, Bestätigung von negativen Zuschreibungen (Wir haben es immer schon geahnt …), Druck auf die Umgebung, sich meiner Sicht anzuschließen (Für mich oder gegen mich!)

Stufe 5: Gesichtsverlust

> Öffentliche und direkte persönliche Angriffe, Gut-böse- oder Engel-Teufel-Vergleich, ein Negativbild wird konstruiert und mittels Inszenierung und oft obskuren Belegen zu beweisen gesucht, Vernichtung der moralischen Integrität

Stufe 6: Drohstrategien

> Spirale von Drohung und Gegendrohung, durch das Stellen eines

Ultimatums bringt man sich selbst unter Handlungszwang. Wird das Ultimatum nicht erfüllt (was meist der Fall ist), stolpert man die nächsten Stufen nach hinunter

Stufe 7: Begrenzte Vernichtungsschläge

Drohungen werden wahrgemacht, menschliche Qualitäten sind außer Kraft gesetzt, Konfliktgegner wird zum Objekt, begrenzte Zerstörung „als passende Antwort", Umkehren der Werte ins Gegenteil – ein relativ kleiner eigener Schaden ist bereits ein Gewinn

Die Eskalationstreppe nach Friedrich Glasl

Stufe 8: Zersplitterung des Gegners

Dem Gegner so schaden, dass er mir nicht auch schaden kann. Durch Zerstörung essentieller Ressourcen und Kontakte den anderen ausschalten.

Stufe 9: Gemeinsam in den Abgrund

Totale Konfrontation, es führt kein Weg mehr zurück. Vernichtung des Feindes, auch zum Preis der Selbstvernichtung. Koste es, was es wolle!

Die neun Stufen sind eine eindrucksvolle Demonstration der Zerstörungskraft von außer Kontrolle geratenen Konflikten.

Die neun Stufen können in Dreierpakete zusammengefasst werden:

▌ In den **ersten drei Stufen** sehen sich die Beteiligten als Konkurrenten und haben ein Gewinner-Gewinner-Muster im Kopf. Konfliktlösung ist hier aus eigener Kraft oder durch einen Gesprächsleiter/Moderator möglich.

▌ In den **mittleren drei Stufen** sehen sich die Beteiligten als Gegner, die Strategie ist auf „Ich gewinne – du verlierst" ausgerichtet. Lösung nur durch eine dritte Person von außen (Mediator).

▌ In den **letzten drei Stufen** sehen sich die Beteiligten als Feinde. Beide Seiten verlieren. Ein Anhalten der Konflikteskalation ist nur durch einen Machteingriff von außen, z.B. Vorgesetzter oder Gericht, möglich.

Das Modell der Konfliktstufen eignet sich für die **Diagnose** (Auf welcher Stufe befindet sich der Konflikt?) und in weiterer Folge für die Handlungsplanung (Was kann ich selbst tun, was muss ich in die Wege leiten?).

Eine Führungskraft, die selbst in einem Konflikt steckt (für Stufen 1–3), oder die von außen schlichtend eingreift (für Stufen 1–6), sollte folgende Kommunikationswerkzeuge zur Verfügung haben:

Werkzeuge zur Konfliktberuhigung und Deeskalation

▌ Konfliktsignale beachten

▌ zulassen, dass auch einmal Dampf abgelassen wird

▌ aus der Schusslinie gehen

▌ Gefühle wahrnehmen und ansprechen

▌ Abgrenzung mittels Ich-Botschaft

▌ selbst die Perspektive wechseln oder andere dazu auffordern

▌ Stopp-Technik

- herausteigen auf die Metaebene – „Was läuft jetzt eigentlich?", „Wie gehen wir miteinander um?"
- nach persönlichen Querelen das Thema wieder auf die Sache lenken
- und vor allem: Zuhören und aktives Zuhören

Literatur: Friedrich Glasl, Konfliktmanagement.

Der Weg zurück – Werkzeuge fürs Deeskalieren

Vom Streit zur Lösung – die Schritte in der Konfliktbearbeitung

Konfliktgespräche haben einen ähnlichen Verlauf wie Moderationen oder andere Gespräche, allerdings ist die **„emotionale Temperatur"** oft höher.
Folgende Schritte sind ein hilfreicher **Leitfaden:**

1. Den **Konflikt erkennen**, benennen und anerkennen. Sicherstellen, dass beide Seiten zu einer Bearbeitung des Konflikts bereit sind.
2. Vorüberlegungen und **Vorbereitung auf das Gespräch**. Worin besteht der Konflikt? Wer ist beteiligt? Wie weit ist der Konflikt bereits eskaliert? Wo liegen Wurzeln und Ursachen? Was ist mein Anteil? Was wünsche ich?
3. Den **Konflikt ansprechen**. Das ist sehr herausfordernd, weil man sich hier persönlich öffnet. Die eigene Betroffenheit wird sichtbar. Dem anderen zeigen, dass man auch seine Situation wahrnimmt. Praktisch erfolgt hier ein Wechselspiel zwischen Ich-Botschaften (meine Position) und aktivem Zuhören (deine Position).
4. **Konflikt erörtern**. Wie sich die ganze Sache entwickelt hat und wo wir nun stehen.
    Nicht zu lange!
    Nun die Perspektive wechseln: Von der Entstehung des Konflikts in der Vergangenheit hin zu Lösungen für die Zukunft.
5. **Ideensammlung**. Was sind die gegenseitigen Wünsche und was alles an Lösungen ist denkbar.
    Ideen nur sammeln, erst später bewerten.
6. **Ideen prüfen**. Welche Ideen sind machbar, zielführend und werden von den Beteiligten akzeptiert? Auch neue Kombinationen sind möglich.
7. **Einigung und Vereinbarung**. Eine Lösung, der alle zustimmen können, wird schriftlich festgehalten. Diese soll auch beinhalten, wer was bis wann macht. Mit freundlichen Worten zu Verlauf und Ergebnis endet hier das Konfliktbearbeitungs-gespräch. Es folgen:
8. Die Lösung **praktizieren**.
9. **Reflexion und Kontrolle**. Nach einiger Zeit nachfragen: Wie funktioniert die Vereinbarung? Ist etwas zu verändern? Sind alle zufrieden?

Jeder Konfliktbearbeitung ist folgender **Ablauf** unterlegt:

❚ Zuerst ist die Betroffenheit anzusprechen und es sind die Emotionen zu erklären.

❚ Erst danach ist der Kopf frei, um Lösungen für das dahinter stehende Problem zu finden.

❚ Aus dem Konflikt ist über das Problem eine Aufgabe geworden. Diese ist nun zu tun.

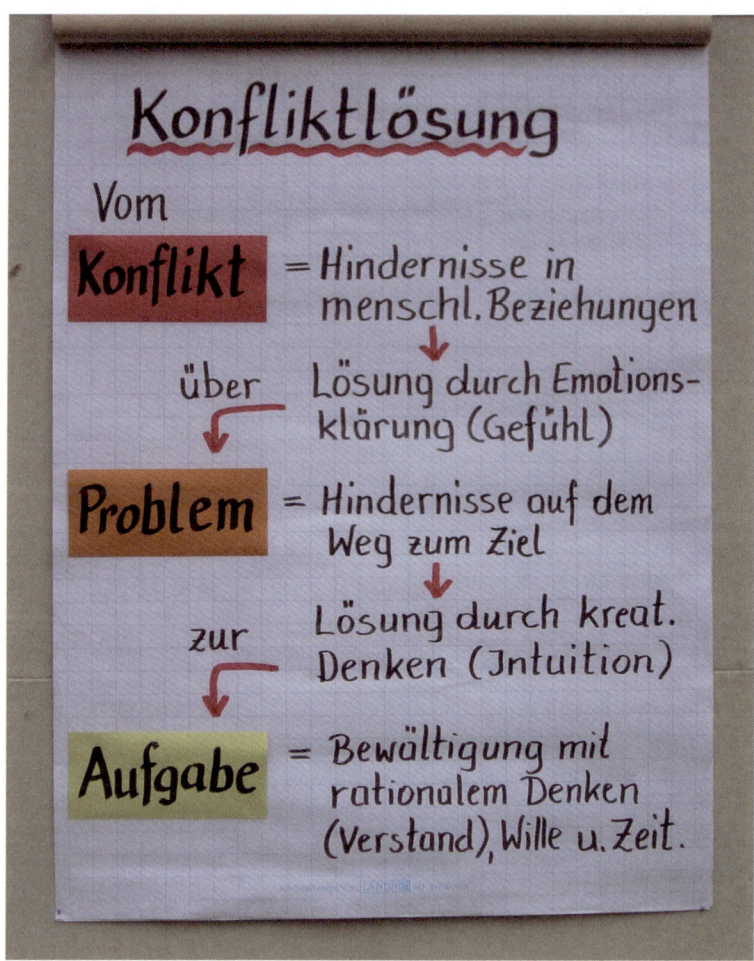

Vom Konflikt zum Problem zur Aufgabe

Mein Einstieg ins Konfliktgespräch

Eine Checkliste für den Notfallkoffer

Eine Checkliste mit Stichworten für die direkte Rede und das Bild der „Friedensbrücke" erleichtern die Gesprächsnavigation, wenn die emotionalen Wogen hochgehen.

Checkliste zur Konfliktbearbeitung

Stufe 1:	**Konflikt auf den Tisch legen (Konfrontation)** Die Ernsthaftigkeit der eigenen Störung muss dem anderen deutlich werden, also nicht „durch die Blume" sagen Ich-Botschaften senden	„Mich stört …"
Stufe 2:	**Nennen des eigenen Ziels**	„Ich möchte …"
Stufe 3:	Feststellung des Ziels des anderen: Durch direkte Fragen Kontrollfrage zum eigentlichen Ziel Durch aktives Zuhören Akzeptanz seines Ziels als sein Ziel	„Was möchtest du?" „Wie siehst du das?" „Was sagen Sie dazu?"
Stufe 4:	**Suche nach Gemeinsam-keit**	„Was wollen wir beide?"
Stufe 5:	**Ideen suchen, akzeptieren, bewerten, wie das Problem gelöst werden kann.**	„Worauf können wir uns einigen?"
Stufe 6:	**Vereinbarung:** Konkret, detailliert, zeitlich befristet Nach vereinbarter Zeit überprüfen, ob sich die Vereinbarung in die Praxis umsetzen lässt und ob wir damit zurechtkommen. Wenn Lösung nicht möglich: Vertagen (festen Termin vereinbaren) Sinnfrage („Hältst du es für sinnvoll?") Es gibt Probleme, die können wir nicht lösen – aber wir können aufhören, uns von ihnen faszinieren zu lassen.	„Was vereinbaren wir?"

Literatur: Thomas Gordon, Managerkonferenz.

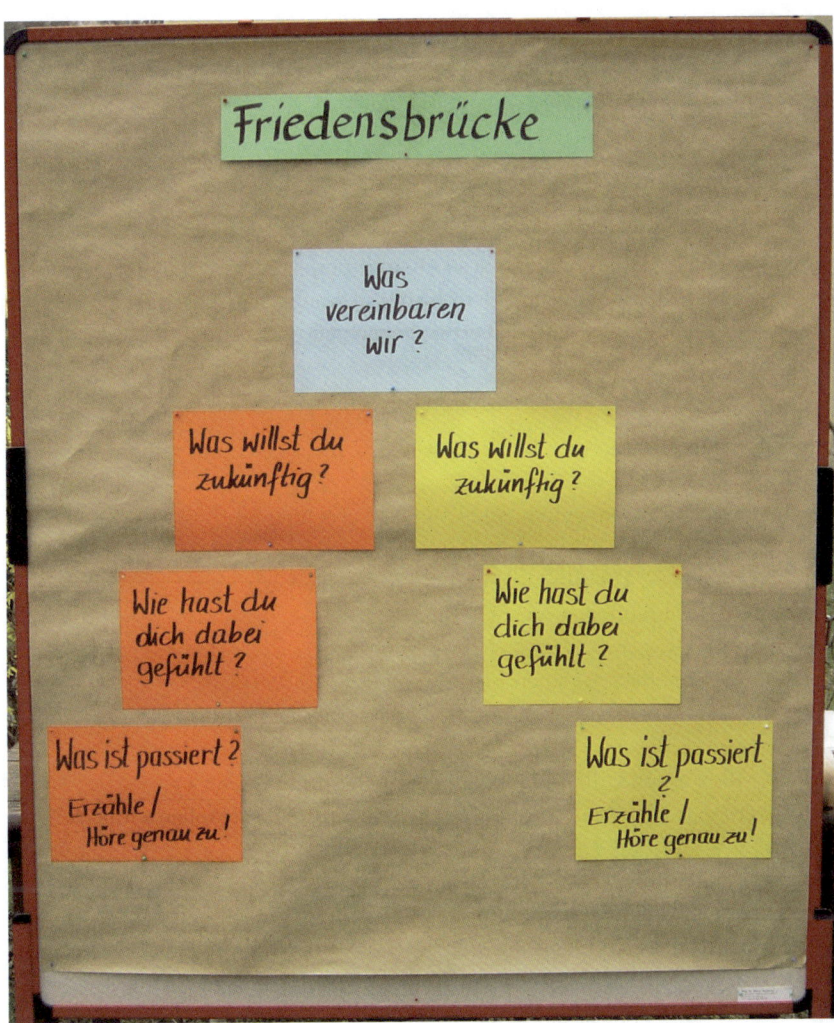

Friedensbrücke

Mein Weg, dein Weg, kein Weg ...

Meine bevorzugten Konfliktlösungsstile

„Der Klügere gibt nach!" oder „Der Klügere gibt so lange nach, bis er der Dumme ist!"?

Jeder Mensch bildet im Laufe seines Lebens innere Überzeugungen, die er dann in kritischen Situationen, wie z.B. in Konflikten, automatisch zeigt.
Wir unterscheiden **fünf innere Überzeugungstypen** und nennen diese **Konfliktlösungsstile**.

Der **Typ 1** sagt:
- Ich bin um Beruhigung bemüht, weil ich die Beziehung aufrechterhalten will.
- Ich kann schwer jemandem einen Wunsch abschlagen.

Der **Typ 2** sagt:
- Ich vermeide es, Unstimmigkeiten hervorzurufen.
- Konflikte bringen meist nur Scherben.

Der **Typ 3** sagt:
- Ich bevorzuge den goldenen Mittelweg.
- Wenn jede Seite etwas nachgibt, findet sich rasch eine Lösung.

Der **Typ 4** sagt:
- Ich weiß, was ich will, und möchte das auch durchsetzen.
- Ich versuche, den anderen von den Vorteilen meiner Position zu überzeugen.

Der **Typ 5** sagt:
- Ich versuche, beide Standpunkte unter einen Hut zu bringen.
- Ich möchte, dass Probleme auf den Tisch kommen und Lösungen, von denen alle etwas haben.

Nun können Sie einen **kleinen Selbsttest** machen:
Wo liegen Ihre bevorzugten Konfliktlösungsstile?
Die Auflösung:
1= Anpassung
2= Vermeidung
3= Kompromiss
4= Wettkampf
5= Zusammenarbeit

Unsere Erfahrung: Viele **Menschen wechseln** während der Auseinandersetzung ihren Stil. So lässt sich jemand lange alles gefallen (Anpassung, Vermeidung), dann reicht es plötzlich und er wird zum kompromisslosen Wettkämpfer.

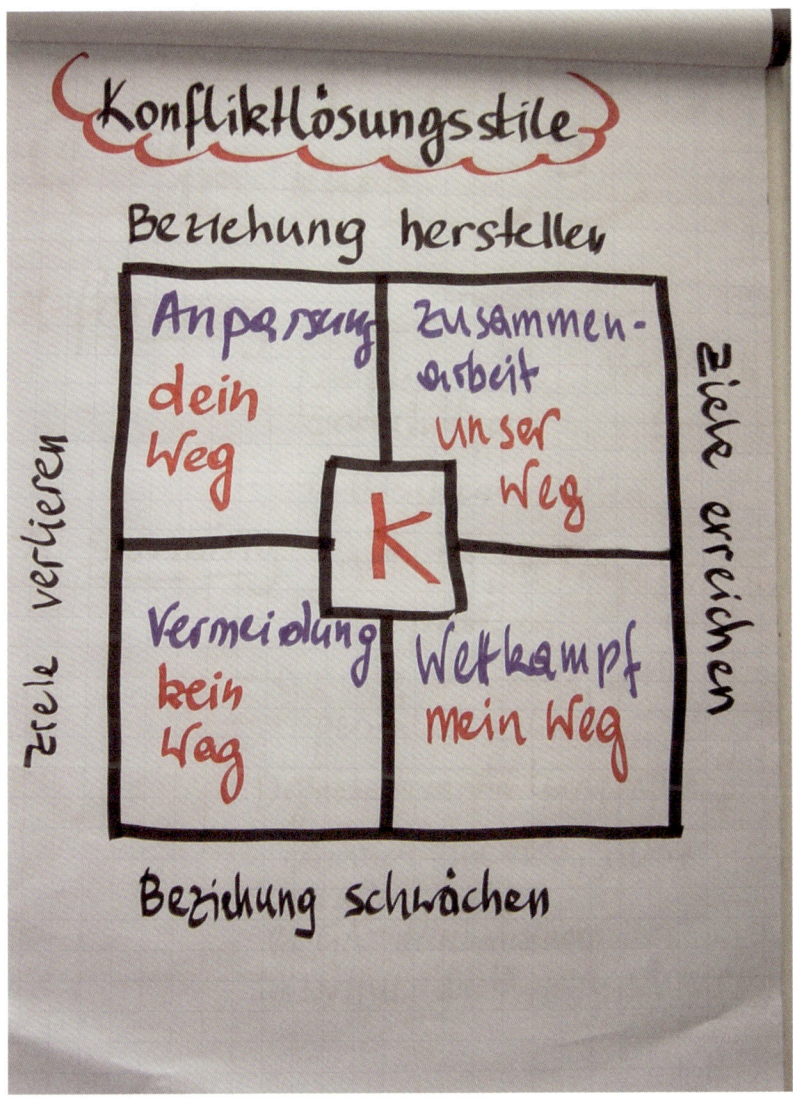

Konflliktlösungsstile

9. Mit Gesprächen führen

Führungskräfte verbringen einen Großteil
ihrer Zeit mit Kommunikation.
Vom Auftrag bis zum Mitarbeitergespräch
gilt: Klar in der Sache, verbindlich im Ton.
Klarheit braucht Ziele und
Vorbereitung, Verbindlichkeit Einfühlung und
Wertschätzung. Gute Gespräche benötigen
einen guten Rahmen.

Gesprächsvorbereitung

Gute Vorbereitung ist der halbe Erfolg

Mit Kommunikation erzielen wir immer Wirkungen. Erfolgreiche Kommunikation zeichnet sich dadurch aus, dass wir die **Wirkung** erzielen, die wir auch erzielen wollen.

Ob Lob oder Kritik, Anweisung oder Information, Aufträge erteilen, Grenzen setzen oder Mitarbeitergespräch – wenn Sie Ihr Ziel erreichen wollen, müssen die Gespräche gut **vorbereitet** werden.

Sie führen Ihre Gespräche **erfolgreich**, wenn Sie
| ein klare Position haben und wissen, was Sie wollen,
| ein präzises Ziel haben und damit wissen, wohin Sie wollen,
| Ihre Argumente durchdacht haben,
| wissen, wer Ihr Gegenüber ist,
| wissen, welche Strategie und Position Ihre Gesprächspartner haben könnten.

Gründliche Vorbereitung führt in allen Gesprächssituationen
| zu sicherem Auftreten,
| flüssiger Argumentation,
| effektiver Wortwahl,
| flexiblem Verhalten.
Und damit zum **Erfolg**.

Für Ihre Vorbereitung sind die **W-Fragen** eine große Hilfe:
  Was? (Was will ich auf jeden Fall erreichen? Gibt es eine Grenze, unter die ich keinesfalls gehen möchte?)
  Wie? (Wie werde ich das Gespräch anlegen? Eröffnung, welche Punkte zuerst, welchen Rahmen baue ich für das Gespräch?)
  Wer? (Wer ist mein Gegenüber? Kompetenzen, Absichten, Widerstände?)
  Mit wem? (Brauche ich MA für Informationsunterstützung, um Unterlagen bereitzustellen?)
  Wo? (Was drücke ich mit der Wahl des Ortes aus? Wähle ich mein Büro, gehe ich in das Büro des Partners oder wähle ich einen neutralen Ort? Habe ich eine bestimmte Sitzordnung überlegt?)

Wann? (Ist Beginn, Dauer, Ende oder open end klar kommuniziert?)

Warum? Was habe ich für ein Motiv, das Gespräch einzuberufen?)

Wozu? (Was soll am Ende herausgekommen sein?)

Worüber? (Geht es um sachliche, personale oder soziale Fragen, Themen, Probleme? Ist das Sachthema auch wirklich ein Sachthema und nicht (z.B.) ein verstecktes Beziehungsthema?)

Sie sind dann besonders erfolgreich, wenn Sie eine klare Botschaft haben, mit der Ihr Gesprächspartner/Ihre Gesprächspartnerin weggeht.

Die gute Vorbereitung ist der halbe Erfolg

Klarheit in den Erwartungen schaffen

Wer nicht sagt, was er will, darf sich nicht wundern, wenn er etwas ganz anderes bekommt.

Führungskräfte haben meist eine ganz klare Vorstellung, welches Verhalten und welche Leistungen sie von ihren Mitarbeitern erwarten.

Werden die Erwartungen erfüllt, wird das leider zu oft als selbstverständlich unerwähnt gelassen. Werden die Erwartungen enttäuscht, ist die Führungskraft gefordert. Jedoch warten viele Führungskräfte viel zu lang mit ihrer Intervention.

Die zentrale Frage ist: Sind dem Mitarbeiter/der Mitarbeiterin meine Erwartungen an ihn/sie überhaupt bekannt?

Aus den Zutaten „Leistung erbracht/nicht erbracht" und dem „Mitarbeiter ist meine Erwartung an ihn bekannt/nicht bekannt" folgt:

Feld 1: Erwartung bekannt/Leistung erbracht
In dieser sehr zufrieden stellenden Situation müssen MA gehegt und gepflegt werden, Sie müssen sie unterstützen, wo Sie nur können, und loben. In diesen Personen finden Sie Loyalität und Unterstützung, geben Sie etwas davon zurück. Die unauffällig Tüchtigen finden oft zu wenig Beachtung.

Feld 2: Leistung wird erbracht, obwohl dem MA Ihre Erwartungen gar nicht bekannt waren.
Da haben Sie „Glück gehabt". Machen Sie dem MA bewusst, dass er ganz nach Ihren Vorstellungen handelt, und bestärken Sie ihn darin. Bieten Sie Unterstützung an.

Feld 3: Der MA weiß zwar, was Sie wollen, tut es aber nicht.
Das ist eine „harte Nuss"! Machen Sie in einem Kritikgespräch Ihre Vorstellungen von Leistung und Verhalten unmissverständlich klar. Vereinbaren Sie Ziele, entwickeln Sie mögliche Alternativen zur jetzigen Verwendung und zeigen Sie auch disziplinär Flagge. Die „enge" Führung ist für die folgende Zeit unerlässlich.

Erwartungen an die Mitarbeiter klar?

Feld 4: Der MA erbringt eine Leistung nicht, weiß aber auch gar nicht, was von ihm erwartet wird.

Das ist „a blöde G'schicht", aber gleichzeitig auch ein „Hoffnungsgebiet", da durch Information und Klärung die Situation verändert werden kann. Unterstützung ist in dieser Situation günstig. Überzeugen Sie sich rechtzeitig und regelmäßig, ob und wie sich die Situation verändert hat.

So entscheidet die Situation, welche Interventionsstrategie die Führungskraft anwendet.

Kleine Motivationsanalyse

Wenn ein MA die erwartete Leistung nicht erbringt oder das notwendige Verhalten nicht zeigt, lohnt es sich, sich folgende vier Fragen zu stellen, weil ja hinter jeder Verhaltensweise von Mitarbeitern ein Motiv steckt:

Will nicht

Der so unterstellte Widerstand ist die häufigste Annahme von Führungskräften, obwohl sie eher selten zutrifft. Sollte sie aber zutreffen, so sind Kritikgespräch und enge Führung, aber auch Erforschen der Motivlage die richtige Reaktion.

Weiß nicht

Hier hilft Information, Klärung und Unterstützung.

Kann nicht

Unterstützung und Schulung sind die adäquate Reaktion. Vielleicht ist der Mitarbeiter/die Mitarbeiterin auch an einer anderen Stelle besser eingesetzt und kann dort seinen/ihren Kompetenzen gemäß effektiver arbeiten.

Darf nicht

Oft können und wissen MA, was zu tun ist, und   möchten das auch tun, allerdings dürfen sie nicht. Wenn der Gruppendruck groß und die Gruppendynamik so negativ ausgeprägt ist, ist das meist auch eine Information an die Führungskräfte.

Machen Sie unmissverständlich klar, dass Mobbing in Ihrem Unternehmen keinen Platz hat. Verändern Sie die Gruppenkonstellation, arbeiten Sie an der Entwicklung eines neuen Klimas.

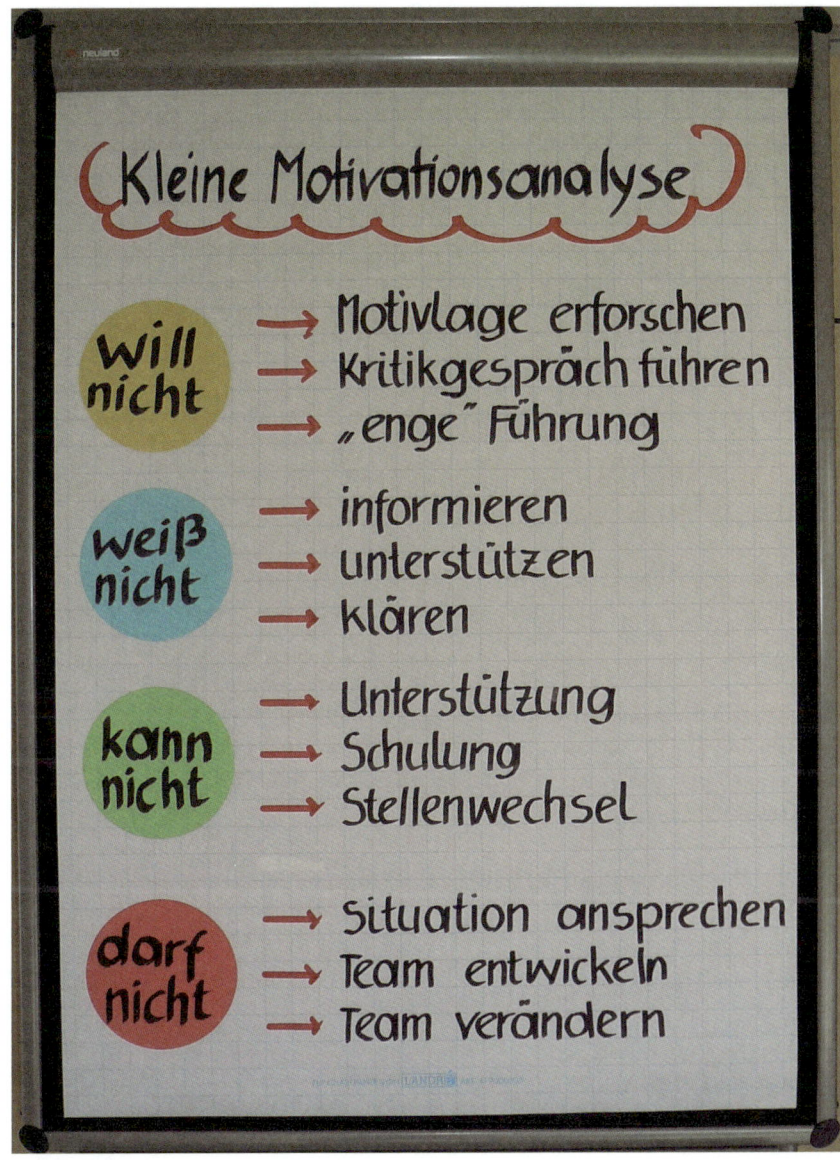

Vier nützliche Fragen

Das Anerkennungsgespräch

Nicht geschimpft ist gelobt genug!

Jeder Mensch hat – wenn auch in unterschiedlichem Ausmaß – ein **Bedürfnis nach Anerkennung** und Lob. Manche Mitarbeiter blühen buchstäblich auf, wenn Sie als Führungskraft ein Arbeitsergebnis, eine Verhaltensweise, eine Leistung unter besonderen Umständen wahrnehmen und das Ihren Mitarbeitern auch sagen. Wie aber sag ich's meinem „Kinde", dass das Lob auch angenommen werden kann?

Diese Ablaufstruktur hat sich sehr bewährt:

Phase 1

Stellen Sie **Kontakt** her, sorgen Sie für ein gutes Klima und nennen Sie den Anlass oder das Thema für das Gespräch.

Phase 2

Beschreiben Sie sehr konkret den Sachverhalt, was genau Sie zur Anerkennung veranlasst. Details mit Datum aus eigener Beobachtung sind sehr wirkungsvoll.

Phase 3

Beschreiben Sie die **positive Auswirkung** der Leistung.

Phase 4

Holen Sie die Sichtweise und **Erklärungen des Mitarbeiters** ein. Hören Sie zu, was Ihr Gesprächspartner zu sagen hat.

Phase 5

Drücken Sie Ihre **persönliche Freude**, Ihren Stolz aus und bedanken Sie sich. Die Aufforderung, so weiter zu machen, ist im Lob schon impliziert und wirkt eher kontraproduktiv.

Die Phasen 4 und 5 können vertauscht werden, eins bis drei hat sich in dieser Reihenfolge als günstig erwiesen.

„Guten Tag, Frau Müller, darf ich einen Moment Platz nehmen? Ich komme heute zu Ihnen, weil ich mich bei Ihnen für den zeitgerechten Abschluss des Projekts „Infopoint" bedanken möchte. Ich habe gesehen, dass in der vergangenen Woche, wenn ich so um zehn Uhr das Haus verlassen habe, immer noch Licht in Ihrem Büro gebrannt hat, am Samstag sind Sie sogar mit dem Privatauto zur Druckerei gefahren und haben am Sonntag noch den Blumenschmuck arrangiert. Dadurch konnten wir den Infopoint am Montag pünktlich eröffnen und unsere Abteilung steht sehr gut da. Ich freu mich sehr

über Ihren Einsatz und bin stolz auf Sie als Mitarbeiterin. Herzlichen Dank für Ihre verlässliche Arbeit. Sagen Sie, wie haben Sie das alles geschafft?"
Wie würde Ihnen so ein Lob schmecken?

Lob findet wie Kritik unter **vier Augen** statt, weil öffentliches Lob für einen Einzelnen negative Auswirkungen auf die Gruppendynamik hat. Durch das Herausheben aus der Gruppe kommt der Gelobte in einen Loyalitätskonflikt zwischen Gruppe und Chef. Wählen Sie also einen **geeigneten Ort**. Ob Sie den Mitarbeiter zu sich bitten oder Sie ihn am Arbeitsplatz aufsuchen, ist ein wichtiges Inszenierungsmittel.

Wenn ganze Abteilungen oder Teams gelobt werden, ist die Öffentlichkeit ein geeigneter zusätzlicher Anreiz.

Achtung vor Übertreibung, Warnung vor Superlativen, bleiben Sie echt!
Je höher die Akzeptanz und das **Ansehen der Führungskraft**, desto bedeutsamer ist das Lob für die Mitarbeiter.

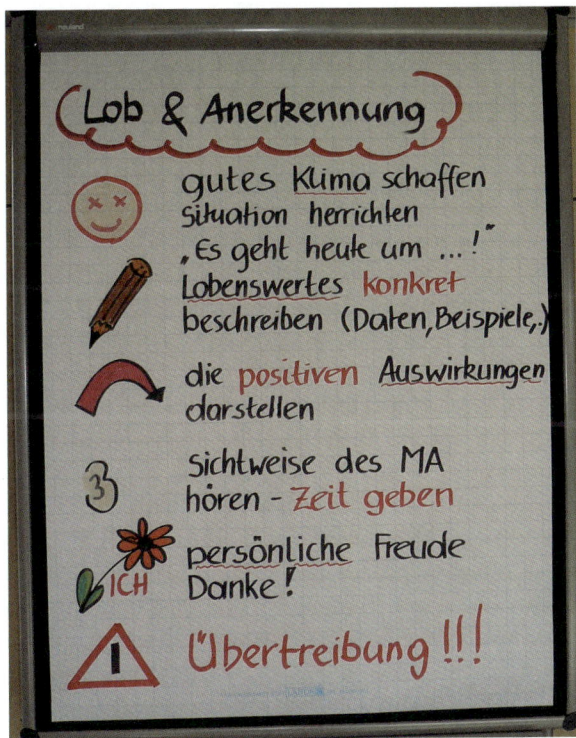

Lob und Anerkennung tun jedem Menschen gut

Jetzt reicht's!

Ich-Botschaft als Methode der Abgrenzung

Jemand stört Ihre Gesprächsführung wiederholt, hält Vereinbarungen nicht ein, kommt immer wieder zu spät zum Meeting, ein anderer ist schlampig in der Arbeit, wieder ein anderer verwendet unerlaubt Ihre Unterlagen – das muss abgestellt werden.

Eine Methode, Grenzen deutlich zu ziehen und dabei doch in der Beziehung bleiben können, bietet die Ich-Botschaft.

Dieses Instrument wenden Sie bei **mittleren** Störungen an. Bei Kleinigkeiten lohnt der Aufwand nicht, da genügt eine Bitte oder eine direkte Aufforderung, eine Anweisung. Bei groben Verstößen folgt ein Kritikgespräch oder eine Disziplinarmaßnahme.

Die **Konstruktionselemente**:

▌ **Beschreiben** Sie genau, welches Verhalten Sie stört. Konkret, keine Verallgemeinerungen, möglichst mit Daten und Beispielen. Ihr Gegenüber sollte keine andere Wahl haben, als (wenigstens innerlich) zur Beschreibung Ja zu sagen. Die exakte Beschreibung ist die Voraussetzung für den Erfolg des Gesprächs. Quelle der Information muss nach Möglichkeit die eigene Wahrnehmung sein. Wenn Sie Informationen von Dritten verwenden, begeben Sie sich in eine schwache Position.

▌ Machen Sie klar, welche **Auswirkungen** das beschriebene Verhalten auf Sie oder das Arbeitsumfeld hat. Auch hier sollte Ihr Gegenüber noch ein Ja abholen können.

▌ Formulieren Sie, was dieses Verhalten bei Ihnen auslöst. Wählen Sie geeignete **Gefühls**vokabel: es ärgert, belastet, irritiert, enttäuscht, stört, ... mich, das macht mich traurig, ich kenn mich nicht aus, ...

▌ Mit dem **Appell**, was Sie sich wünschen, schließen Sie ab: „Ich möchte/erwarte/hoffe/, dass ...

„Frau Mayer, Sie kommen heute zehn Minuten zu spät zur Besprechung, vergangenen Freitag waren es fünfzehn Minuten und am Mittwoch, ich habe Sie damals angesprochen, gar zwanzig. Das erschwert den pünktlichen Start der Arbeit im Team und stellt

die Teamregeln in Frage. Ich bin darüber sehr verärgert und irritiert, zumal ich Sie schon auf meinen Wunsch hingewiesen habe. Ich erwarte ab morgen, dass Sie pünktlich sind."

Die Stärke dieses Instruments liegt in der Kritik des Verhaltens und nicht der Person und dass Sie in der Mitteilung von Ihrem Gefühl ausgehen. Das wird meist sehr ernst genommen. Ich-Botschaft und Kritikgespräch finden ohne Publikum statt, damit Ihr Gegenüber das Gesicht wahren kann. Wie das noch gewichtigere Kritikgespräch hat auch die Ich-Botschaft Mitteilungscharakter und ist keine Erörterung oder gar Diskussion.

Literatur: Thomas Gordon, Die Managerkonferenz

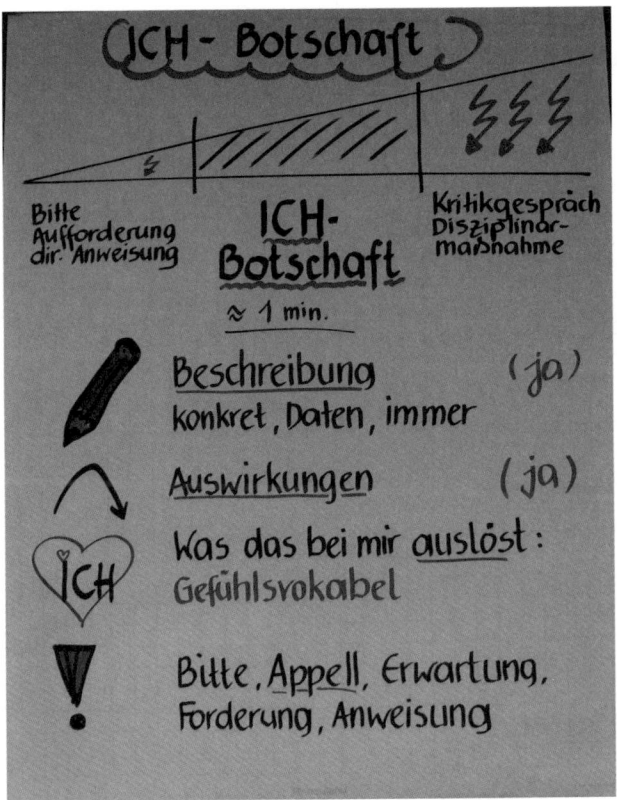

Klare Grenzen formulieren

Aufträge erteilen

Auftragserteilung ist ein wichtiges Führungsinstrument. Aufträge werden von Zielen abgeleitet. So gewinnt und vermittelt die Führungskraft die nötige Klarheit und Sicherheit in der Sache und in der Rolle des Vorgesetzten.

Gespräch eröffnen
Stellen Sie den nötigen Kontakt her und informieren Sie über den Anlass des Treffens.

Auftrag formulieren
Formulieren Sie Ihren Auftrag präzise und eindeutig: **Was** genau ist zu tun, **wozu** dient die Arbeit und mit welchen Ressourcen und Unterstützungen kann gerechnet werden. Regen Sie Fragen an, greifen Sie Vorschläge auf.

Auftragsverständnis sichern
Stellen Sie durch Rückfragen sicher, dass der Auftrag verstanden wurde und auch so akzeptiert ist. Die Aufforderung zur Wiederholung des erteilten Auftrags bringt häufig benötigte Klarheit.

Kontrollen vereinbaren
Erstellen Sie einen Maßnahmenkatalog, indem vereinbart ist, wem, wann und wie der Mitarbeiter die Auftragserledigung mitteilen soll. Vereinbaren Sie auch, ob, wann und was Sie selbst kontrollieren wollen.

Gespräch beenden
Nach einer Zusammenfassung des Gesprächsergebnisses wünschen Sie guten Erfolg.

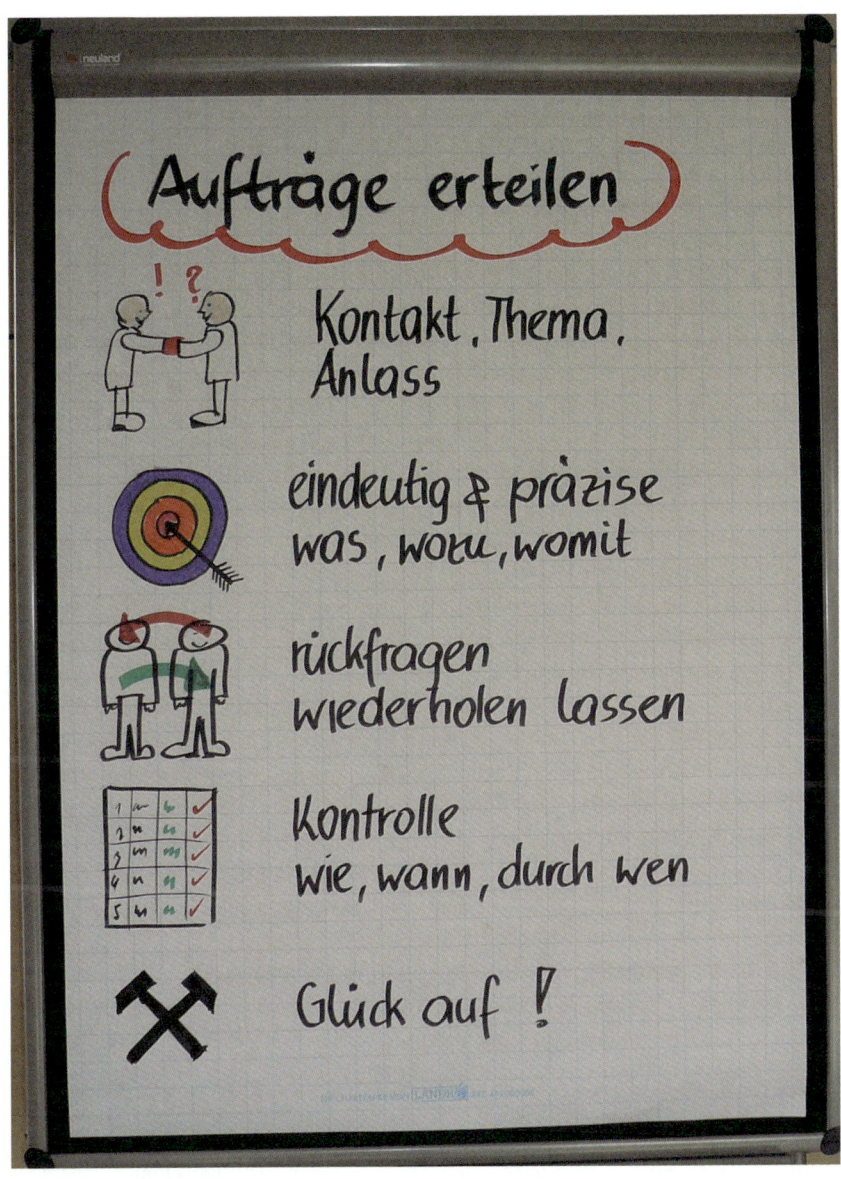

Vom Ziel zur Tat

Das Mitarbeitergespräch

Dieses wohl wichtigste Instrument der Führung und des Personalmanagements hat **zwei** zentrale Ziele:

I **Reflexion** der **Aufgabenerfüllung** und der Zielerreichung

I **Mitarbeiterentwicklung**

Führungskräfte wissen, dass sie einen großen Teil ihrer Arbeitszeit mit Kommunikation verbringen. Die meisten Gespräche haben ihren Ursprung in konkreten Anlässen und sachbezogenen Tagesthemen. Das Mitarbeitergespräch jedoch ist **zusätzlich** zu den anlassbezogenen Gesprächen vorzusehen. Beides ist notwendig.

Das Mitarbeitergespräch ist aus dem **Berufsalltag herausgehoben.**

Sie heben das Gespräch aus dem Alltag heraus, indem Sie

I einen konkreten **Termin** von einer halben bis ganzen Stunde fixieren und

I zur **Vorbereitung** des Gesprächs eine Woche vorher einen **strukturierten Bogen** zur Verfügung stellen.

I Jedenfalls enthält der Bogen Fragen zur Arbeitsleistung (Fachkompetenz), zum persönlichen Einsatz (personale Kompetenz) und zur Zusammenarbeit mit anderen (soziale Kompetenz). Führungskraft und Mitarbeiter füllen dieses Blatt je für sich aus. Das Blatt des Mitarbeiters enthält auch eine Rubrik, in der das Führungsverhalten des Vorgesetzten rückgemeldet werden kann.

I Mitarbeitergespräche finden **einmal im Jahr** statt und dauern ca. **eine Stunde.**

I Die konkreten Zielvereinbarungen werden in einem gemeinsam verfassten Protokoll gesichert.

Durch diese Vorbereitung ist das Gespräch eine begründete und konkretisierte **Rückschau**, ermöglicht eine **Vorausschau**, die Entwicklung neuer **Ziele** und bietet die Möglichkeit gegenseitige Sichtweisen zu formulieren.

Ernsthaft durchgeführte Mitarbeitergespräche verbessern die Unternehmenskultur, die Zusammenarbeit, erhöhen die Identifikation mit dem Unternehmen, schaffen Klarheit über Sichtweisen und Erwartungen und erhöhen die Motivation von Mitarbeiter und Führungskraft.

Das Mitarbeitergespräch ist auch der Ort, an dem Maßnahmen, die die Erhaltung der Leistungsmöglichkeiten sichern, und die **Weiterentwicklung** der Mitarbeiter im Unternehmen beraten wird.

Sorgen Sie für ein **störungsfreies** Gespräch, dem Sie sich mit Präsenz widmen.

Achtung:

Das Mitarbeitergespräch ist keine **Generalabrechnung**. Unterscheiden Sie strikt zwischen anlassbezogenen Sofortkorrekturen, Kritikgesprächen und dem Mitarbeitergespräch. Wenn Sie konstruktive Reflexion und produktive Zielarbeit mit einer „Kopfwäsche" vermischen, werden Sie einer Mauer des Verweigerns gegenübersitzen.

Wo das Mitarbeitergespräch gelungen eingeführt wurde, wünschen sich Mitarbeiter häufig von sich aus einen solchen Gesprächstermin.

Literatur: Wolfgang Mentzel, Mitarbeitergespräche. Mitarbeiter motivieren, richtig beurteilen und effektiv einsetzen.

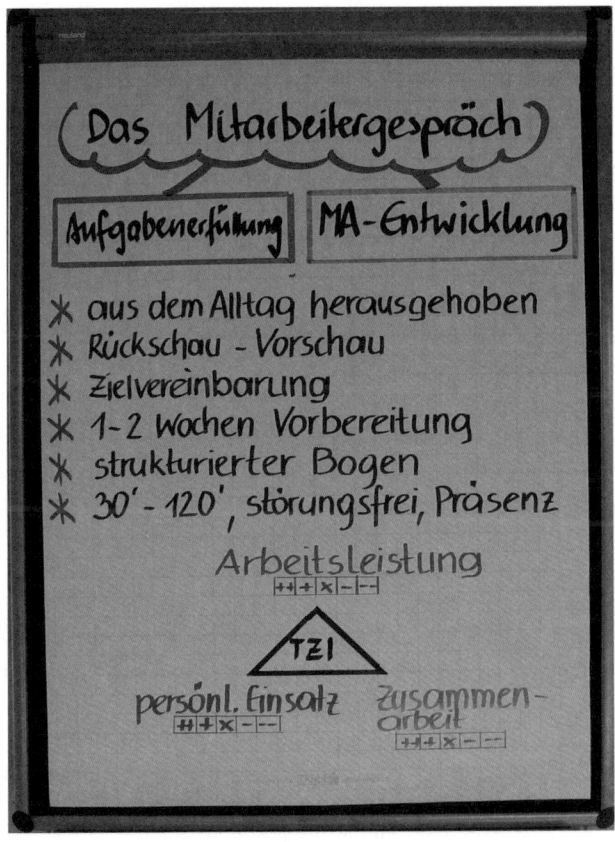

Rückschau und Vorschau im Mitarbeitergespräch

Das Kritikgespräch

„Ilsebill will nicht so, wie ich das will!"

Manchmal **belasten** Mitarbeiter durch ihr Sozial- oder Leistungsverhalten Klima und Arbeitsergebnis erheblich. Da ist ein Kritikgespräch unumgänglich. Ihr Ziel ist, das Verhalten des Mitarbeiters wieder in die gewünschte Richtung zu **lenken** und die Störung zu beseitigen.

Die gute **Vorbereitung** ist der Schlüssel zum Erfolg.

Kritikgespräche werden ruhig, sachlich und bestimmt geführt. Behübschen Sie das Gespräch nicht mit „Rüscherln und Mascherln", sagen Sie, was Sache ist. Kritikgespräche sind immer Vieraugen-Gespräche. Der Mitarbeiter kommt zu Ihnen ins Büro zum vorgegebenen Zeitpunkt, kein Telefon, kein Parteienverkehr.

Phasen des Kritikgesprächs

1. **Gespräch eröffnen**

   In dieser Phase stellen Sie Kontakt her und benennen rasch das Thema des Gesprächsanlasses. Fragen wie „Wie geht es Ihnen heute?" oder „Sie ahnen vielleicht, warum Sie hier sind?" haben im Kritikgespräch nichts verloren.

2. **Ist-Situation klären**

   Sie legen den kritikwürdigen Sachverhalt ruhig und sachlich dar, legen die Fakten auf den Tisch und sagen auch, wenn etwas eine Vermutung ist. Konfrontieren Sie den Mitarbeiter mit den Auswirkungen seines Verhaltens. Das ist keine Diskussion, sondern eine Mitteilung! Die Positionen Vorgesetzter und Mitarbeiter sind in dieser Situation deutlich. Sie stützen sich auf eigene Beobachtungen und Feststellungen – nicht auf die Mitteilungen Dritter.

   Danach gibt es angemessen Zeit zur Stellungnahme und zur Suche nach den Ursachen. Fallen Sie nicht auf das „Opfer-Retter"-Spiel hinein. „Ich bin ein totaler Versager, ich weiß nicht mehr aus noch ein. Ich weiß nicht, wie es weitergehen soll." Mit dieser oft durch Tränen unterstützten (unbewussten) Strategie dürfen Sie sich nicht zum „Retter" machen lassen: „Na, so schlimm ist es nun ja auch wieder nicht!", „Vielleicht überlege ich mir das Ganze noch einmal, kommen Sie morgen wieder!".

3. **Soll-Situation vereinbaren**
    Definieren Sie künftig erwartetes Verhalten oder Ergebnisse und verein-
    baren Sie Ziele.
4. **Handlungsvereinbarungen treffen**
    Bei Bedarf erstellen Sie mit dem Mitarbeiter einen Maßnahmenkatalog,
    indem die W-Fragen beantwortet werden.
    Wer tut was, wann, wie, mit welchem Ergebnis, mit wem, mit welchen
    Mitteln und wozu.
5. **Gespräch abschließen**
    Sie fassen die Ergebnisse zusammen. Bleiben Sie klar in der Sache und
    werden Sie zum Schluss etwas verbindlicher im Ton.

Das Kritikgespräch schiebt die schwarze Wolke zwischen Chef und Mitarbeiter weg, damit störungsfreies Wetter wieder gute Arbeit ermöglicht.

Literatur: Karl Berkel, Konflikttraining.

Konfliktwolke

10. Selbst- und Zeitmanagement

Führungskräfte steuern sich auch selbst.

Beim Steuern geht es um die richtigen Ziele (effizient sein) und um die optimalen Wege (effektiv sein). Die Werkzeuge des Selbst-, Zeit- und Qualitätsmanagements sind wie Kompass und Karte für die bestmögliche Steuerung des Unternehmens und der eigenen Arbeit.

Kleine Ursache – große Wirkung

Das Pareto-Prinzip

Bereits 1897 hat der italienische Wirtschaftssoziologe Vilfredo Pareto die **20:80** Regel wissenschaftlich fundiert vorgestellt:

▌ Mit 20 Prozent Aufwand werden 80% der Ergebnisse erzielt.
▌ Zur Erreichung der restlichen 20% der Ergebnisse sind jedoch 80% Aufwand und Einsatz nötig.

20% der Anstrengung	80% der Ergebnisse
20% des Aufwand	80% des Ertrag
20% eines Buches	80% der Information
20% der Kunden	80% des Umsatz
20% der Produktfehler	80% der Beschwerden

Die 20:80 Regel lässt sich auf viele Führungsaufgaben anwenden, sofern Sie klare **strategische Ziele** formuliert haben. Danach können Sie Prioritäten setzen und sich fragen: "Welche Aktivitäten bringen den größten Nutzen?"

Gerade im **operativen Tagesgeschäft** verbeißen wir uns mit großem Aufwand in Dinge, wo die Frage berechtigt ist: „Ist es das wirklich wert?" oder „Ist das wirklich notwendig?" Natürlich gibt es Aufgaben, die ein 100% perfektes Ergebnis fordern. Aber ist das bei allen Ihren Aufgaben wirklich unumgänglich?

   Konzentrieren Sie sich also auf die wirklich wichtigen Aufgaben und packen Sie diese zuerst an.

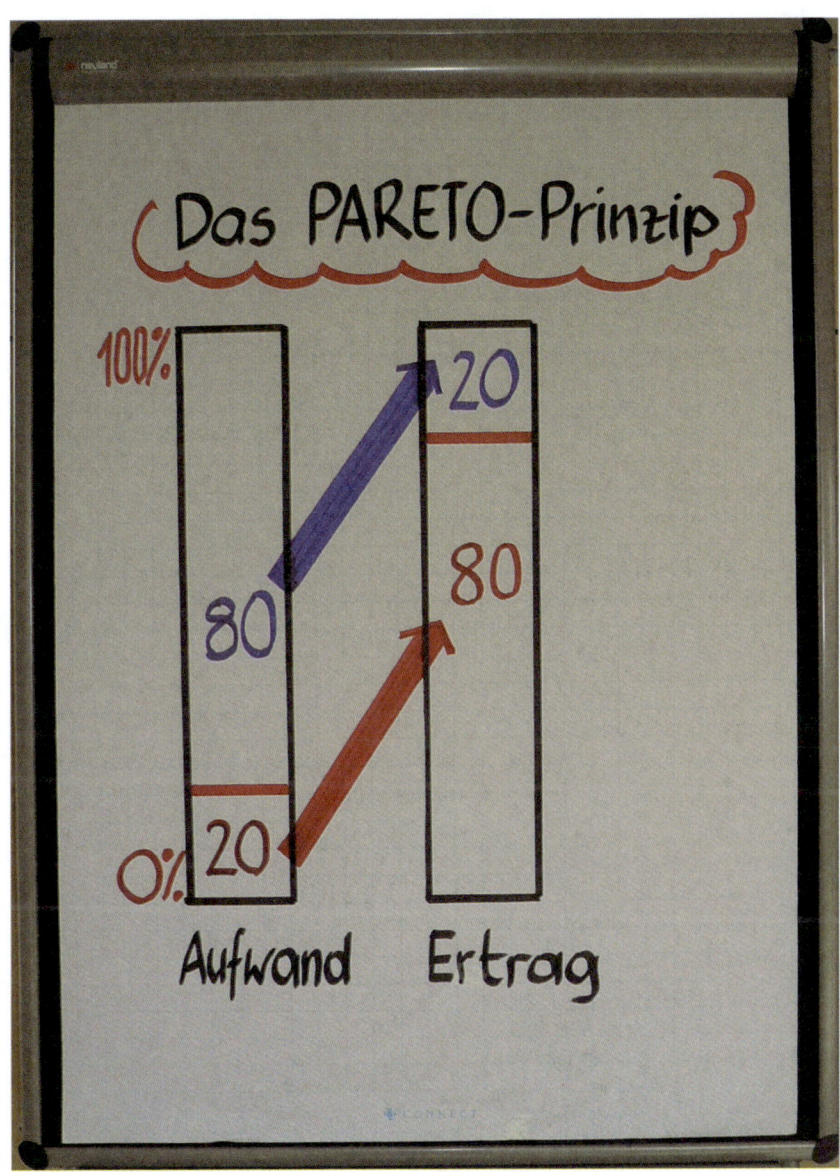

Viel Ertrag mit wenig Aufwand

Prioritäten setzen

Die Eisenhower-Methode

Die Kunst, Wesentliches von Unwesentlichem zu unterscheiden, ist ein **Erfolgsfaktor** für Führungskräfte. Dabei hilft eine Methode des **Arbeits- und Zeitmanagements**, das vom ehemaligen US-Präsidenten seinen Namen hat. Er hat seine Arbeit nach diesem Schema organisiert.

Es besticht durch seine Einfachheit.

Mit Hilfe dieser Methode können Sie Ihre Prioritäten sinnvoll setzen und anstehende Aufgaben nach Wichtigkeit und Dringlichkeit ordnen. Damit schaffen Sie die Voraussetzung für Ihre Entscheidung, ob Sie eine Aufgabe sofort, später oder gar nicht bearbeiten werden.

Das Eisenhower-Fenster zeigt Ihnen vier Möglichkeiten zur Prioritätensetzung:

❚ **Dringend und wichtig**

Packen Sie sofort an und erledigen Sie diese Aufgaben selbst. „Management by sofort" ist äußerst effektiv, aber Achtung: zu starker Termindruck, Überbelastung und Überforderung sind eine Gefahr. Diese Aufgaben werden auch als A-Aufgaben bezeichnet.

❚ **Wichtig, aber nicht dringend**

Nehmen Sie diese Aufgaben fest in Ihre Zeitplanung auf – setzen Sie sich Termine. Visionen zulassen, Leitbilder entwickeln, große Projekte durchdenken, Beziehungen pflegen, persönliche Entwicklung und Weiterbildung sind die „Chefsachen", die zwar als wichtig erkannt werden, im Tagesgeschäft aber oft verloren gehen. Die Erledigung dieser Aufgaben motiviert und stiftet Sinn. (B-Aufgaben)

❚ **Dringend, aber nicht wichtig**

Das sollte jemand anderer erledigen, delegieren Sie und schauen Sie, dass Sie diese Belastungen loswerden. (C-Aufgaben)

❚ **Weder dringend noch wichtig**

Das sind Aufgaben für den Papierkorb, lassen Sie die Finger davon.

Legen Sie eine **To-do**-Liste an und ordnen Sie die anstehenden Aufgaben nach Dringlichkeit und Wichtigkeit in das Eisenhower-Fenster ein.

Gratulation! Sie haben sicher etwas für den Papierkorb oder zum Delegieren gefunden und Zeit gespart.

Literatur: Friedrich Graf-Götz: Organisationen gestalten. Beltz

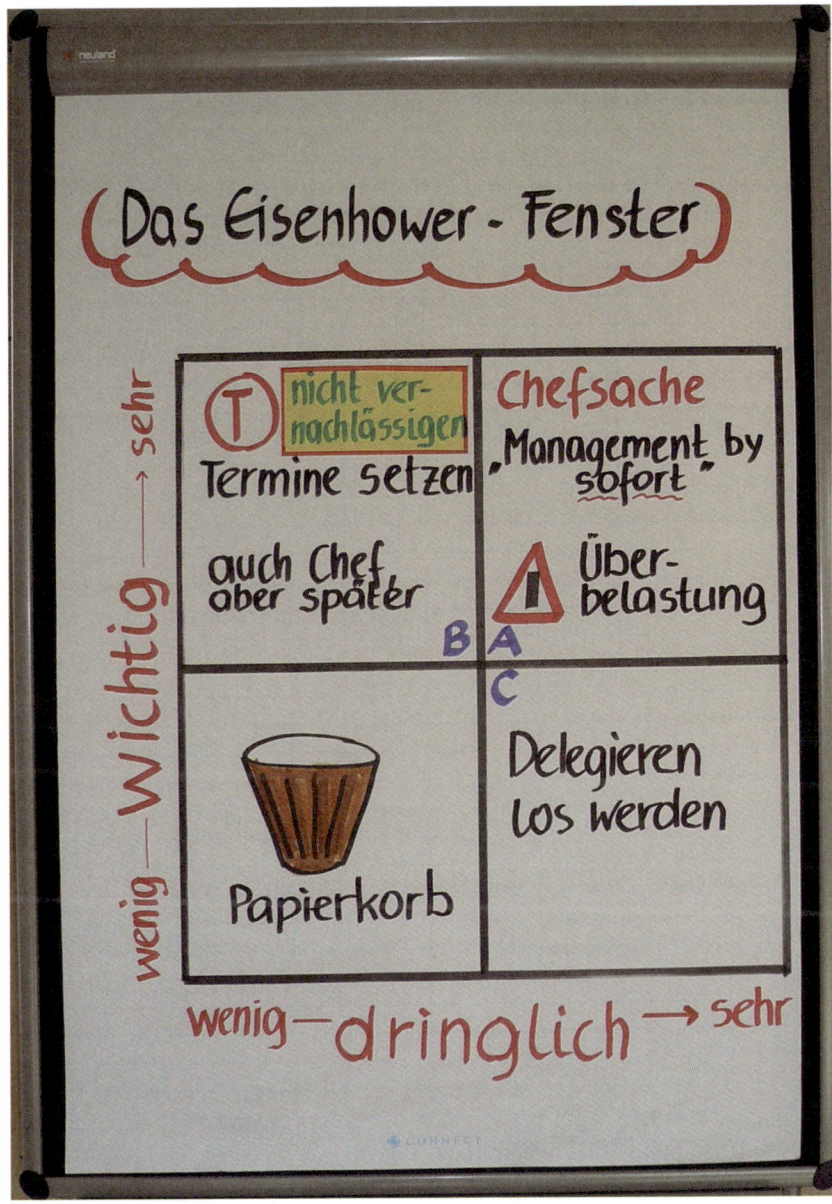

Prioritäten setzen

Das Kieselprinzip

Die Kunst, alles unterzubringen

Sie haben soeben von Pareto und Eisenhower gelernt, dass **Prioritätensetzung,** die Unterscheidung von Wesentlichem und Unwesentlichem, Dringlichem und weniger Dringlichem der entscheidende Grundgedanke für ein gelungenes Selbst- und Zeitmanagement ist.

Daraus leiten sich notwendige Folgerungen für die **Arbeitsorganisation** ab.

Dazu hat Stephen R. **Covey** ein schönes Bild entwickelt. Er vergleicht den Arbeitsanfall mit Kieselsteinen, die je nach Bedeutung der Aufgabe unterschiedlich groß sind: meist wenige große schwere Steine bis zu unzähligen Sandkörnchen.

Die Zeiteinheit (Tag/Woche/Monat) wird durch eine Glasschüssel symbolisiert.

Die Herausforderung besteht darin, die Anzahl von großen Kieselsteinen und die entsprechende Menge feinen Sand in das Glas zu füllen.

Die Größe des Glases ist naturgegeben begrenzt und nicht beliebig vergrößerbar: Der Tag hat nur 24 Stunden, die Woche nur sieben Tage.

Die Aufgabe nur lösbar, wenn die **„großen Brocken"** zuerst in das Glas eingebracht werden und die **„kleineren Fische"** dazwischen Platz finden.

Wenn Sie umgekehrt vorgehen, finden Sie keinen Platz mehr für die großen Aufgaben, weil die vielen kleinen Beschäftigungen schon zu viel Platz gebraucht haben.

Hier wird die Bedeutung der schriftlichen Tages- und Wochenplanung sichtbar: so wird es Ihnen leichter fallen, „Nein" zu Dringendem, aber Unwichtigem und „Ja" zu all dem zu sagen, was Sie Ihren Arbeits- und Lebenszielen und einer Lebensbalance näher bringt.

Nicht mit Kleinigkeiten den Tag anfüllen

Zeitfresser und Störenfriede

„Wenn du dich von jedem Hund, der dir begegnet, anbellen lässt, wirst du nie ankommen!"

Wer kennt das nicht: Man arbeitet sich in ein Thema ein, ist dabei, einen Gedanken zu entwickeln, nimmst gerade alle Verzweigungen eines Problems wieder auf, hat sich richtig angereichert mit den entscheidenden Fragen – eine neue Sms-Mitteilung, das Telefon läutet, die Sekretärin braucht eine Unterschrift, der liebe Kollege wollte „nur schnell vorbeischauen".

Und man kann mühevoll **wieder von vorne anfangen**. Kennen Sie das?

Bei jeder **Unterbrechung** geht **Leistungsfähigkeit verloren**, jede **Störung** zieht einen **Leistungsabfall** nach sich.

Bis Sie dann nach einigen Störungen oder Unterbrechungen die Arbeit abbrechen und „später", „nach Dienst" oder „daheim" machen werden.

Da sind **Konsequenzen** nötig:

▎ **Nehmen** Sie zuerst überhaupt **einmal wahr**, welche Unterbrechungen notwendig sind und deshalb akzeptiert werden müssen und welche echt stören und verhindert werden könnten.

▎ Führungskräfte zeichnen sich dadurch aus, dass sie eben **nicht immer** für alle **erreichbar** sind. Klare **Regelungen** für die telefonische und reale Erreichbarkeit sind äußerst hilfreich. Hier sind Sie aber auch selbst gefordert: Das Mobiltelefon und der Inter- und Intranetanschluss haben einen Knopf, den darf man auch zum vorübergehenden Ausschalten der Geräte benutzen.

▎ Es ist an der Zeit, die **offene Bürotür** wieder zu **schließen**. Das Signal der kollegialen Nähe zu den Mitarbeitern steht in keinem Verhältnis zum Ausmaß der Störungen und Ablenkungen. **Sperrzeiten** sind der entscheidende Schlüssel zur Steigerung der persönlichen Effizienz.

▎ **Sagen Sie** deutlich **Nein**, wenn Sie keine Zeit haben. Mit einer kurzen Begründung frustrieren Sie auch niemanden. Noch besser ist es, wenn Sie so klare Zugangsregelungen haben, dass Sie zwischendurch nicht einmal Nein sagen müssen.

Leistungsabfall durch Störungen

Externe und interne Störfaktoren und Zeitfresser

Alles, was wir bereits als Störung und Unterbrechung benannt haben, sind Ereignisse, die von außen (extern) an die Mitarbeiter oder an Sie als Führungskraft herangetragen werden:

▌ Telefonanrufe
▌ Unangemeldete Besucher
▌ Besprechungen mit Überlänge
▌ Sofort zu bearbeitende Post

Das ist natürlich auch Ausdruck von normal funktionierendem Geschäftsleben. Störungen werden es dann, wenn Sie sich dem nicht entziehen können und rund um die Uhr davon behelligt werden.

Aber viel öfter **steht** man **sich selbst im Wege**!

▌ Unangenehme Arbeiten aufschieben
▌ Übertriebener Perfektionismus
▌ Mangelnde Selbstdisziplin
▌ Jeden Auftrag annehmen
▌ Zu viel Kommunikation oder keine und unpräzise Kommunikation
▌ Keine Ziele, Prioritäten oder Tagespläne
▌ Zu viele „Dateien" auf einmal offen
▌ Wartezeiten bei Besprechungen verursachen oder erdulden
▌ Alles wissen und hören wollen
▌ Wunsch, alle basisdemokratisch zu beteiligen
▌ Schreibtisch in der Sonne mit Blick in das Großraumbüro
▌ Schlechte Vorbereitung für Besprechungen
▌ Schlecht im Umgang mit Präsentationstechnik

Bei diesen Schwierigkeiten geht es nicht um das Wissen, wie effizienter gearbeitet werden könnte. Hier geht es um **psychische (interne) Faktoren**, wo sich die Person auf dem Weg zu einer effizienteren Arbeit selbst behindert. Manager nennen diese internen Zeitfresser als ihre hauptsächlichen und am schwersten wiegenden Arbeitsstörungen. (Mackenzie, 1985) Hier ist an der personalen Kompetenz zu arbeiten und sich über Coaching Unterstützung zu holen.

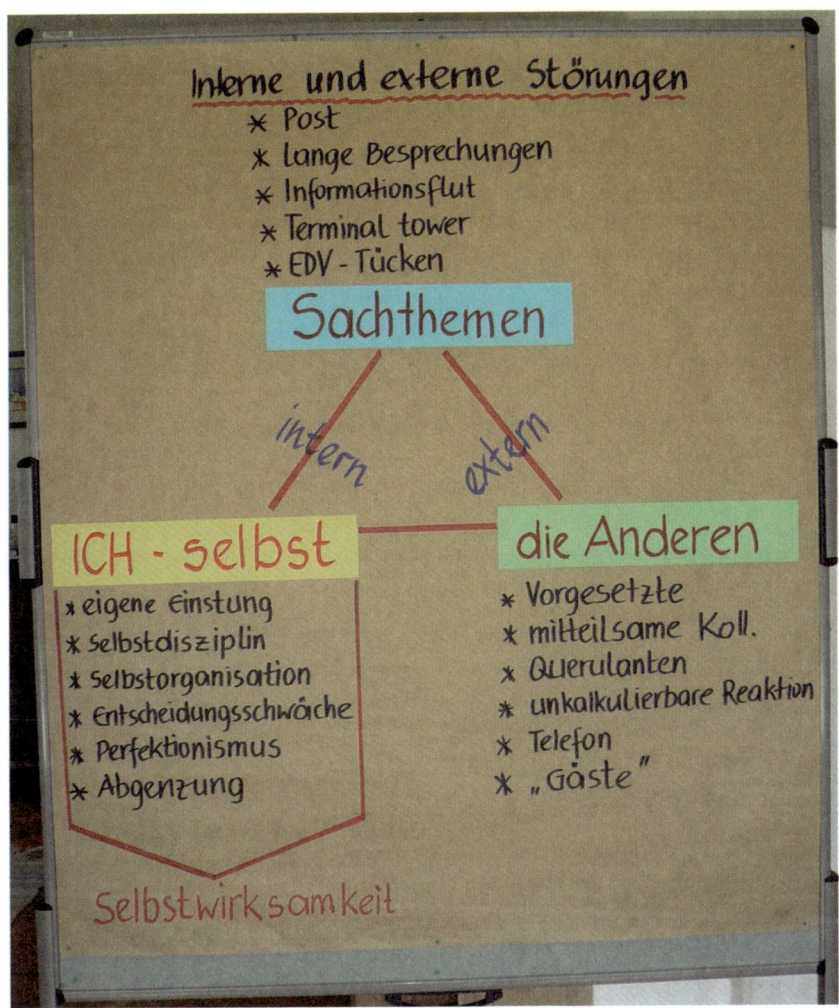

Den größten Einfluss habe ich auf mich selbst.

Das Leben im Gleichgewicht halten

Life-Balance-Modell

Führungskräfte sind in ihrer Aufgabe gefordert. Auf Dauer erfolgreich können Sie aber nur sein, wenn Beruf und Privatleben harmonisch zusammenwirken. Der persönliche **Lebenserfolg** basiert im Wesentlichen auf vier Säulen:

- Beruf und Finanzen
- Familie und soziale Kontakte
- Gesundheit und Fitness
- (Lebens-)Sinn und Kultur

Erfolgreich und zufrieden sind Sie als Führungskraft dann, wenn Sie es schaffen, langfristig alle **vier Bereiche in Balance** zu halten.

Die dauerhafte Vernachlässigung eines oder mehrerer Bereiche kann zu Fehlentwicklungen führen, die sich früher oder später als Sinnkrise oder in beruflichen, familiären oder gesundheitlichen Problemen äußern.

Wie viel bringen Sie in welchem Eck auf die **Waage?**
Kippt Ihre Lebenslandschaft in eine Richtung?
Was können Sie tun, um die Last in einem Eck abzubauen?
Was können Sie tun, um die „Leichtgewichte" besser auszustatten?
Was können Sie allein meistern?
Wer kann Ihnen helfen?

Konkret heißen Ihre Fragen an sich selbst:
Was tue ich für meine Gesundheit, meinen Körper, meine Fitness? Wie ernähre ich mich?
Wie viel Stunden am Tag und in der Woche arbeite ich? Stehen Einkommen, Wohlstand, Karriere und die erbrachte Leistung in einem akzeptablen Verhältnis zum Aufwand?
Wie viel Zeit verbringen Sie mit Familie und Freunden? Werden Sie überhaupt noch eingeladen oder haben Sie Einladungen schon zu oft abgesagt?
Wann haben Sie zuletzt ein gutes Buch gelesen, ein Bild gemalt, ein Konzert besucht, sich über den Sinn der Alltagsmühle Gedanken gemacht?
Diese Fragen sind unangenehm, sie müssen aber gestellt und beantwortet werden, wenn Sie auf Dauer gesund und leistungsfähig bleiben wollen.
Literatur: Nosrat Peseschkian; Lothar Seiwert: Wenn du es eilig hast, gehe langsam

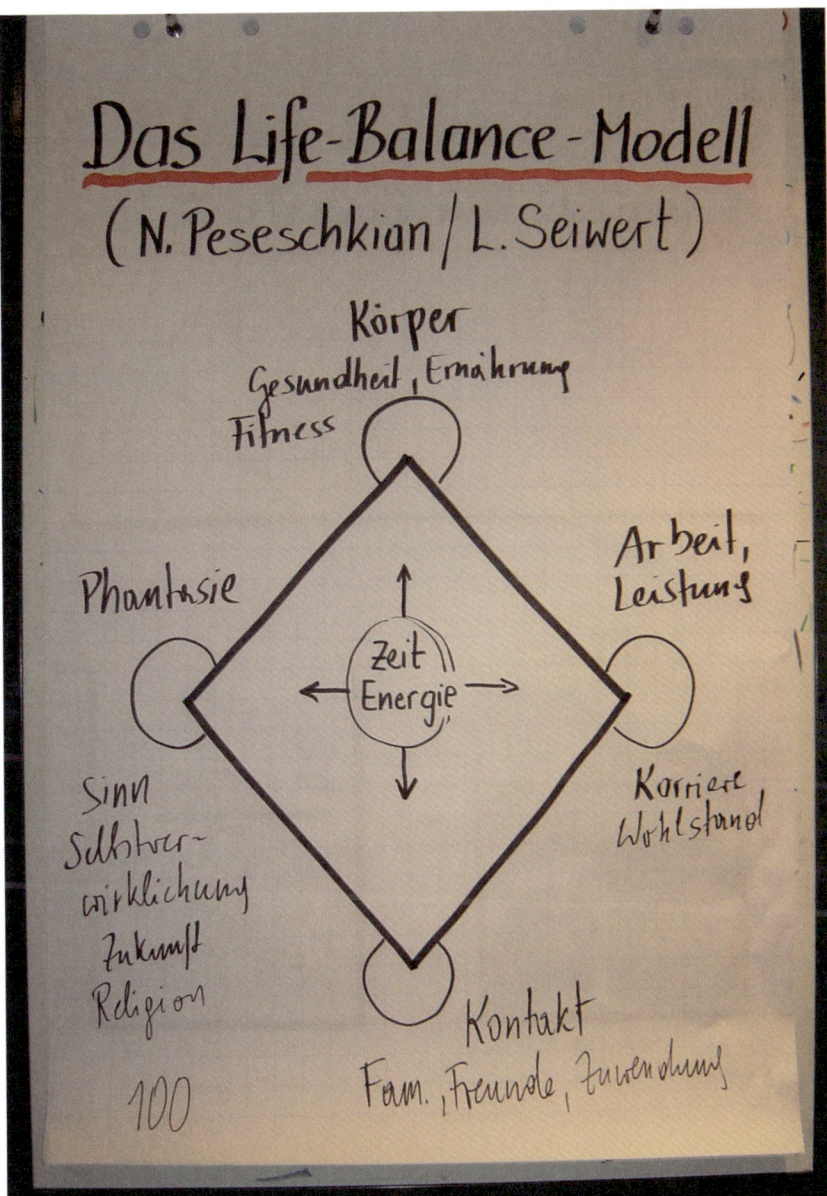

Wo liegen Ihre Gewichte?

Erfolgreich NEIN sagen

Die Sandwich - Methode

Natürlich wollen auch Führungskräfte „geliebt" werden und nicht als hartherzig, rücksichtslos und autoritär gelten. Deshalb fällt es oft schwer Wünsche von Mitarbeitern abzulehnen, obwohl der Betrieb es erfordert. Und schon haben Sie JA gesagt, obwohl Sie NEIN sagen wollten.

Ein klares NEIN an der richtigen Stelle und zum richtigen Zeitpunkt bringt Ihnen viele **Vorteile.**

▌ **Profil:** Ewige Jasager werden oft als profillos wahrgenommen. Gewinnen Sie Profil durch Abgrenzung.

▌ **Richtungsweisung**: Mit sinnvollen und klaren Entscheidungen transportieren Sie die Marschrichtung Ihres Unternehmens.

▌ **Dauerhafte Lösungen:** Im Gegensatz zu einem „Vielleicht" oder „Später" ist ein NEIN die Quelle zu einer dauerhaften Lösung.

▌ **Selbstsicherheit:** „Die Fähigkeit, NEIN zu sagen, ist die Geburt der Individualität." (Rene Spitz) So werden Sie als Führungskraft an Sicherheit gewinnen.

▌ **Akzeptanz:** Interessanterweise werden NEINs von der Mitwelt viel besser akzeptiert, als man glaubt.

Die **Sandwich-Methode** hilft Ihnen NEIN zu sagen, ohne dass der Mitarbeiter die Motivation verliert:

▌ Zeigen Sie, dass Sie das Anliegen gehört und verstanden haben (aktives Zuhören).

„Sie möchten also am Freitag frei haben, weil Sie überraschend Besuch aus England bekommen haben. Und es wäre Ihnen besonders wichtig, *Ihren Besuch persönlich zu begleiten."*

▌ Geben Sie **klärende Information,** welche wichtigen und dringlichen Aufgaben anstehen.

„Das Projekt „Airport" muss aber vor dem Wochenende fertig sein."

▌ Bleiben Sie beim **NEIN** in der **Sache.**

„Deshalb kann ich Ihnen nicht frei geben!"

▌ Zeigen Sie einen **Ausweg** oder eine **Perspektive** auf.

„Vielleicht finden Sie jemanden, der oder die Ihre Arbeit übernimmt. Sonst kann ich Ihnen behilflich sein, für Ihren Gast eine Betreuungsperson zu finden."

Klar in der Sache – verbindlich im Ton

Mit „Qualität total" zu Spitzenleistungen

Lernen von den Besten der Branche

Die European Foundation for Quality Management (EFQM) hat 1992 ein Modell für **umfassendes Qualitätsmanagement** (TQM – Total Quality Management) ausgearbeitet.

Das EFQM-Modell umfasst **neun Bereiche** (Führung, Firmenpolitik, Mitarbeiterorientierung, Ressourcen und Ablaufprozess, Kundenzufriedenheit, Mitarbeiterzufriedenheit, Image in der Gesellschaft und Geschäftsergebnisse), die durch Kriterien genau beschrieben sind. Dadurch wird das Ergebnis mit anderen Firmen vergleichbar (**Benchmarking**). Steigerung ist dann, sich dem Wettbewerb zu stellen und sich um einen „Award" zu bewerben.

Der Ablauf eines Qualitätsdurchgangs bleibt gleich, ob es sich nun um eine interne Selbstbewertung handelt oder um die Teilnahme am Wettbewerb.

■ **Team A**, genannt „Schreiber", erstellt einen ausführlichen Bericht der gesamten Organisation, gegliedert nach den neun Bereichen; es werden nur die positiven Gegebenheiten dargestellt (also eine Art „Weißbuch").

■ Danach tritt **Team B**, das sind die Bewerter, auf den Plan. Es durchforstet den Bericht nach Beweisen für die Stärken und Leerstellen (Defiziten). und erarbeitet einen Katalog von Verbesserungspotenzialen.

■ **Die Führung** entwickelt daraus einen Maßnahmenplan zur Initiierung der Verbesserungsprozesse.

Das EFQM-Verfahren ist aufwändig, aber es wirkt: Nach drei bis vier Jahren und zwei bis drei EFQM-Durchgängen ist man im exzellenten Spitzenfeld. Unabhängig davon bietet EFQM ein gutes Modell, um über die eigene Organisation nachzudenken.

Jede Organisation investiert in die fünf Befähiger-Bereiche (Führung, Firmenpolitik, Mitarbeiterorientierung, Ressourcen und Ablaufprozess), damit sie bei den Ergebnis-Bereichen (Kundenzufriedenheit, Mitarbeiterzufriedenheit, Image in der Gesellschaft und Geschäftsergebnisse) gute Resultate erzielt.

Vielleicht haben Sie nun Lust bekommen auf einen **kleinen EFQM-Test mit neun Leitfragen**:

1. Steht die Führung hinter Qualitätsentwicklung und ist sie ein guter „Ermöglicher" für die Mitarbeiter?

2. Sind Vision, Werte, Ziele und die großen strategischen Linien vorhanden, bekannt und werden sie gelebt?

3. Werden die Mitarbeiter systematisch gefördert und ihre Fähigkeiten entwickelt?

4. Sind die Ressourcen (Personen, Finanzen, Informationen, Infrastruktur) ausreichend vorhanden und werden sie optimal eingesetzt?

5. Sind die wesentlichen Ablaufprozesse definiert und werden sie laufend überprüft und verbessert?

6. Kennen wir unsere Kunden und wissen wir, wie zufrieden sie mit unseren Leistungen sind?

7. Erheben wir regelmäßig die Zufriedenheit bei unseren Mitarbeitern? Was kommt dabei heraus?

8. Werden wir als engagierter und positiver Teil der Gesellschaft gesehen?

9. Wie zufrieden sind wir mit dem, was wir erwirtschaften und schaffen?

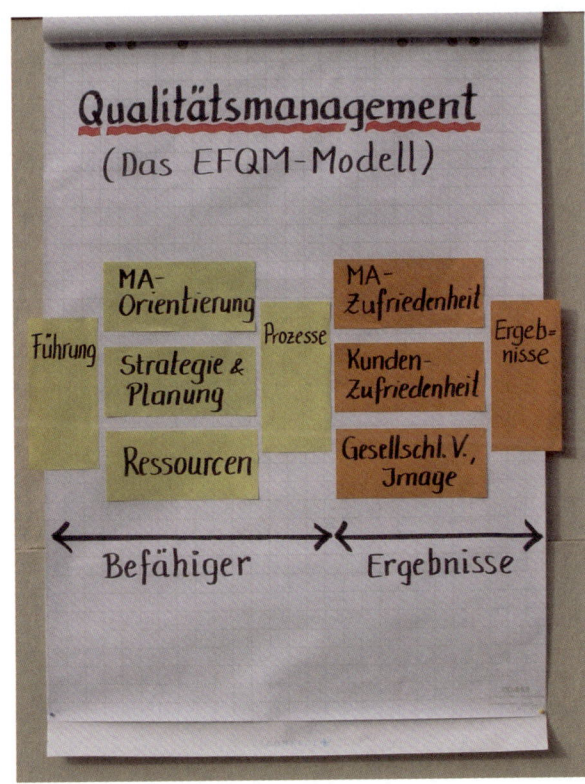

Das Modell für umfassendes Qualitätsmanagement der EFQM

„Ein Pfeil, der nicht mehr steigt, sinkt!"

Qualitätsmanagement mit dem KuMiZO-Quadrat

Das KuMiZO-Quadrat (Kunden – Mitarbeiter – Ziele – Organisation) ist als übersichtliches Instrument zur Qualitätsentwicklung ausgearbeitet worden. Das Modell verknüpft das **„Innen"** und **„Außen"** der Firma mit den Bereichen **„Menschen"** und **„Sachen"**. Ziel ist die Auseinandersetzung mit den vier qualitätsrelevanten Feldern des Modells.

	Innen	Außen
Menschen	**„Mitarbeiter"** Wer ist alles beteiligt am Prozess der Entstehung der Leistungen? Sind alle genügend qualifiziert? Werden alle gefördert? Wird die Leistung von allen anerkannt? Gibt es Mitarbeitergespräche, Besprechungen, Feiern …? etc. *Zufriedene, motivierte Mitarbeiter*	**„Kunden"** Wer sind unsere „Kunden" und „Lieferanten"? Für wen sind wir da? Wem sind wir verpflichtet, wem verantwortlich? Sind unsere „Kunden" mit uns zufrieden? Sehen Sie, was wir machen? Sind sie begeistert von unserer Arbeit? Was tun wir Besonderes für unsere Kunden? etc. *Zufriedene (begeisterte) Kunden*
Sachen	**„Organisation"** Ist die Organisation der Aufgabe und den Zielen angepasst? Wo gibt es Leerläufe? Wo ginge es einfacher? Was könnte man abschaffen? (ohne dass es jemand merkt/vermisst?) Wo braucht es (mehr) Organisation, Informationsmanagement, Delegieren …? Sind die Zuständigkeiten klar? Haben die Führungskräfte Zeit für die Mitarbeiterführung? etc. *Eine „schlanke" Organisation*	**„Ziele/Auftrag/Ergebnisse"** Was ist unsere Aufgabe? Was ist unser Auftrag? Was sind unsere Ziele? Was von dem, was wir tun, gehört nicht zu unserem Auftrag? Stimmen Aufgabe, Auftrag und Ziele noch? Erfüllen wir den Auftrag? Erreichen wir die Ziele? Sind wir erfolgreich? etc. *Der richtige Auftrag, die richtigen Ziele, gute Ergebnisse*

Mit dem KuMiZO-Quadrat kann **vielfältig gearbeitet** werden:

▌ Die vier Felder ausfüllen und bewerten

▌ Jedes Feld nochmals in Stärken/Probleme/Chancen/Gefahren untergliedern (siehe SPOT-Analyse)

▌ Die vier Felder jeweils für die Vergangenheit, Gegenwart und Zukunft bearbeiten: Wie war es damals? Wo stehen wir heute? Wo wollen wir morgen sein?

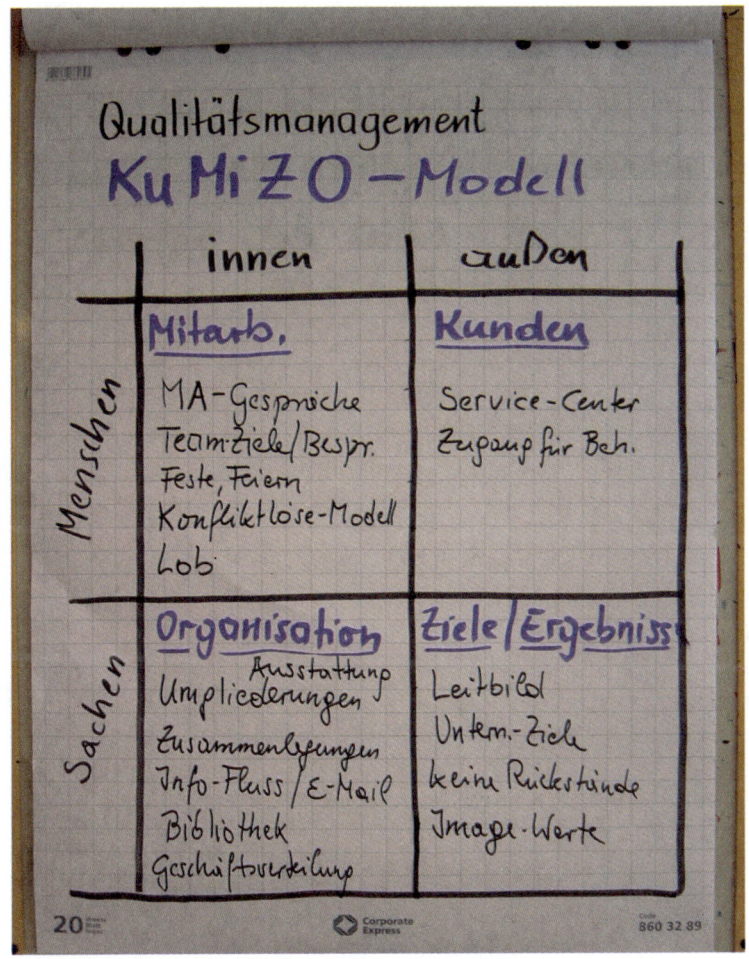

Das Kunden-Mitarbeiter-Ziele-Organisation-Quadrat

Auf dem Spielfeld des Commitment

Gute Mitarbeiter ans Unternehmen binden

Führungskräfte möchten ihre Leistungsträger **an das Unternehmen binden**. Das Zauberwort dafür heißt „Commitment". Dazu genügt ein Arbeitsplatz mit einem Arbeitsvertrag nicht. Für Commitment braucht es Arbeitsplätze, die einzigartig sind, es braucht Begeisterung, Spaß am Job, Identifikation, In-der-Aufgabe-Aufgehen, Loyalität, Gestaltungsräume und Wertschätzung.

Commitment entsteht vor allem aus der **Existenz gemeinsamer Ziele** und aus der **Wertschätzung durch die Führungskraft**.

Commitment ist, wenn sich Mitarbeiter jeden Tag aufs Neue sagen: Ich will gute Arbeit machen! Das ist der beste Arbeitsplatz für mich! Ich trage bei und gestalte! Ich sage „ja" zu den Zielen, zur Führungskraft und zu den Kollegen! Ich kann mich hier ausgezeichnet weiterentwickeln!

Führungskräfte haben ein großes **Spielfeld**, um für Commitment zu sorgen:

- gemeinsame Ziele, Vision, Kultur, Strategie
- Werte, Bedürfnisse und Stärken der einzelnen Mitarbeiter beachten
- immer wieder konkrete Ziele vereinbaren
- für förderliches Umfeld und produktive Teams sorgen
- den richtigen Aufgabenmix aus Routine, Abwechslung und Herausforderung
- Förderkonzepte mit Führungskraft, Mentor oder Coach
- angemessene Bezahlung und Arbeitszeiten, die längerfristig Lebensbalance zulassen
- eine gute Portion direkter Führung, mit Vereinbarungen, Nachfragen und Anerkennung
- viel Gelegenheit für persönliches Wachstum und Entwicklung

Das schafft eine Welt, wo Menschen gerne arbeiten.

Literatur: Rainer Niermeyer/Nadia Postall, Führen.

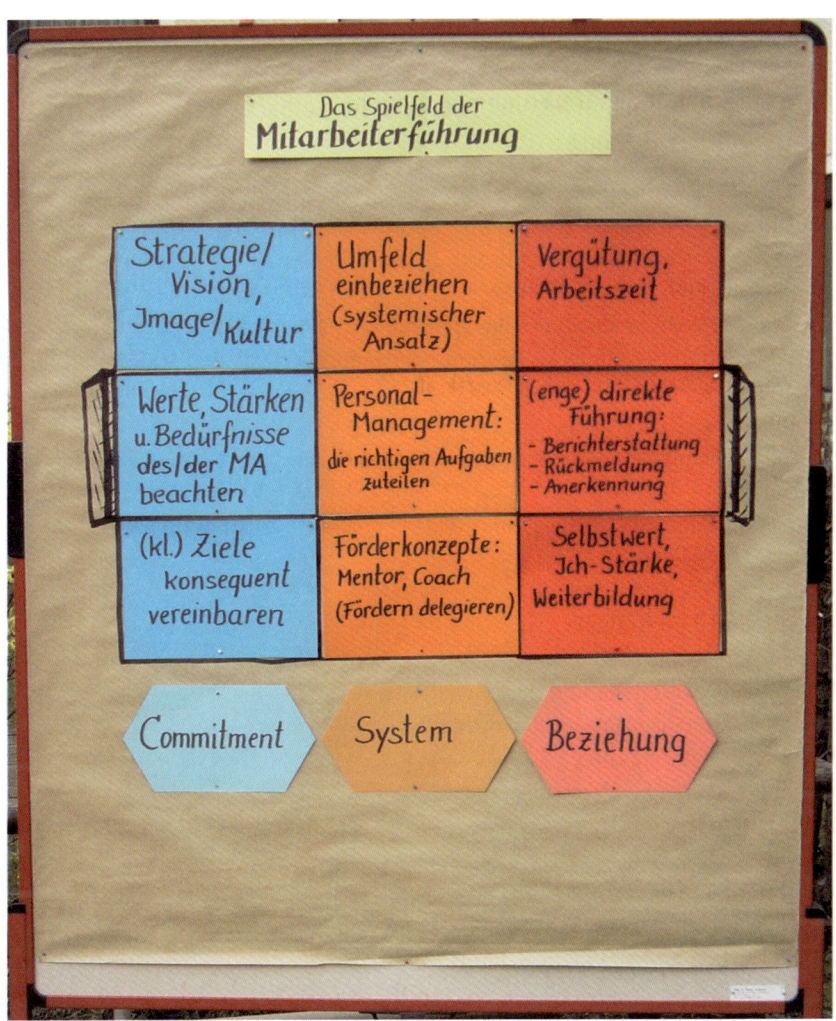

Das Spielfeld des Commitment

Projektmanagement

Erfrischende Aufgaben mit viel Potenzial für Selbständigkeit und Mitarbeiterentwicklung

Projekte werden gerne eingerichtet, wenn es um Veränderungsprozesse, Ausarbeitung und Implementierung von Neuerungen oder Verbesserung von Unzulänglichkeiten geht.

Oft sind Projekte **abteilungsübergreifend**, so genannte Querschnittsmaterien. Sie betreffen die gesamte Institution oder mehrere Teile und sind damit quer zur Linienorganisation angesiedelt.

Projekte zeichnen sich durch **folgende Merkmale** aus:
- klarer Auftrag
- vorgegebenes Ziel/Endergebnis
- zeitlich befristet
- meist eine Aufgabe für ein Team
- eine einmalige Aufgabe
- transparenter Arbeitsplan
- definierte personelle und materielle Ressourcen
- interdisziplinäre Zusammenarbeit
- klare Rollenverteilung
- viel Freiheiten bei der Umsetzung
- geeignete Ergebnispräsentation

Projekte müssen im Ablauf gut gemanagt werden, um den vielen Gefahren (zu detailliert, Nebenthemen, Streit im Team, Probleme bei den Ressourcen usw.) auszuweichen und zu einem guten Abschluss zu kommen.

Eine **Checkliste für das Projektmanagement** enthält folgende sieben Phasen:
1. **Projektidee:** interessant, nützlich, realistisch
2. **Projektskizze:** Ziel, Zeit, Kosten, Team
3. **Projektauftrag:** Entscheidung: ja!,
   Auftragsklärung
4. **Projektplan:** Ziel, Zeit, Kosten, Team,
   Steuergruppe, Betroffene informieren
5. **Projektdurchführung:** Wer, was, wann, wo, …

6. **Projektkontrolle:** Zwischenetappen, „Wie läufts?"
   „Im Plan?"
7. **Projektergebnis:** Darstellung, Präsentation,
   Verwertung, Folgerungen.

Wir haben die Phasen auf einer Kreisscheibe angeordnet. Mit der Zeitleiste außen herum entsteht eine „Projektuhr".

Literatur: Daniela Mayrshofer/Hubertus A. Kröger: Prozesskompetenz in der Projektarbeit.

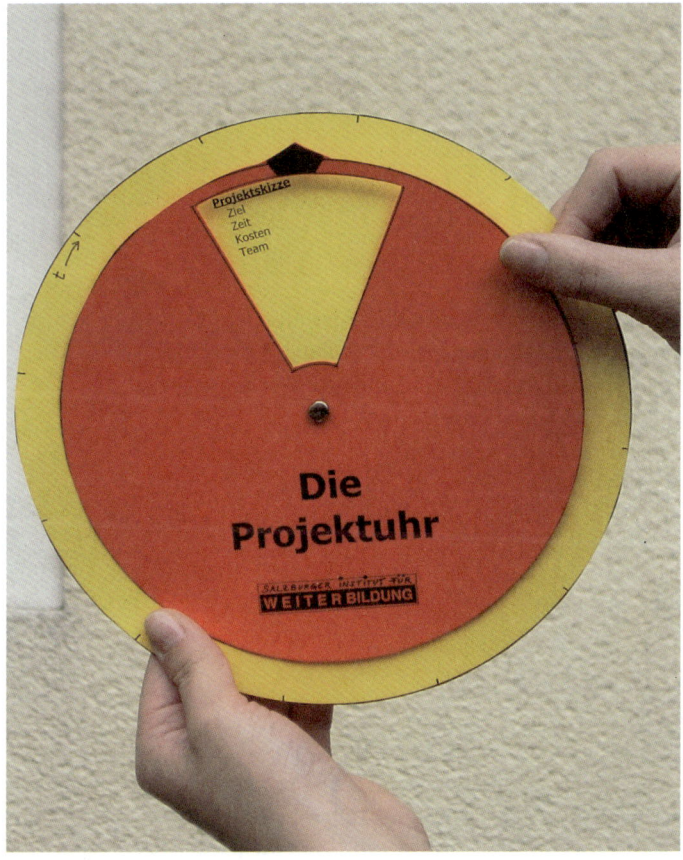

Planungsinstrument „Projektuhr"

Bevor man die Nerven verliert –

Die Stufen der Kompetenzentwicklung

Was Hänschen nicht lernt, ...

„An was soll ich denn noch alles denken?" „Das funktioniert in der Praxis sicher nicht!" „Ich habe das schon einmal probiert, so gut hat das nicht geklappt!" – Diese Sätze sind jeder Führungskraft bekannt.

Ein Leben lang eingeübte Verhaltensformen, über Jahre übliche Verfahrensweisen in der Firma sollen durch eine Unterweisung oder ein Seminar verändert werden. Das ist eine Herausforderung für Führungskräfte, Trainer und Coaches. Hilfreich ist das Wissen um die **Stufen der Kompetenzentwicklung**.

Stufe 1: Unbewusste Inkompetenz
Jemand weiß gar nicht, dass er etwas nicht weiß. Dieser glückliche Zustand des „dumpen Tors" dauert meist nicht lange, denn private oder berufliche Herausforderungen führen schnell in die

Stufe 2: Bewusste Inkompetenz
Die Person erkennt, dass sie manchen Situationen nicht gewachsen ist, dass sie etwas können sollte, was sie noch nicht kann. Deshalb liest sie nach, bittet um Unterweisung oder besucht ein Seminar und erreicht die

Stufe 3: Bewusste Kompetenz
Sie als Führungskraft oder Trainer liefern Modelle, Techniken, also Know-how, das die Person zwar versteht, aber noch sehr unbeholfen und holprig anwendet. In diesem Stadium fallen dann die oben zitierten Sätze. Es wird die Methode, das Modell, die Theorie in Frage gestellt. Oft liegen dann die Nerven blank. Hier haben Sie die wichtige Aufgabe zu ermutigen, beim Durchtauchen der Anfangsschwierigkeiten zu unterstützen und so in die

Stufe 4: Unbewusste Kompetenz
überzuleiten.
In diesem Stadium ist die neue Verhaltensweise bereits internalisiert, automatisiert – es geht leicht von der Hand. Die Person denkt gar nicht mehr daran, dass sie einmal anders gehandelt hat. Ob es das Erlernen des Autofahrens, der Technik des aktiven Zuhörens oder die Einführung eines neuen Arbeitsablaufes betrifft – diese Stufen werden immer durchlaufen.

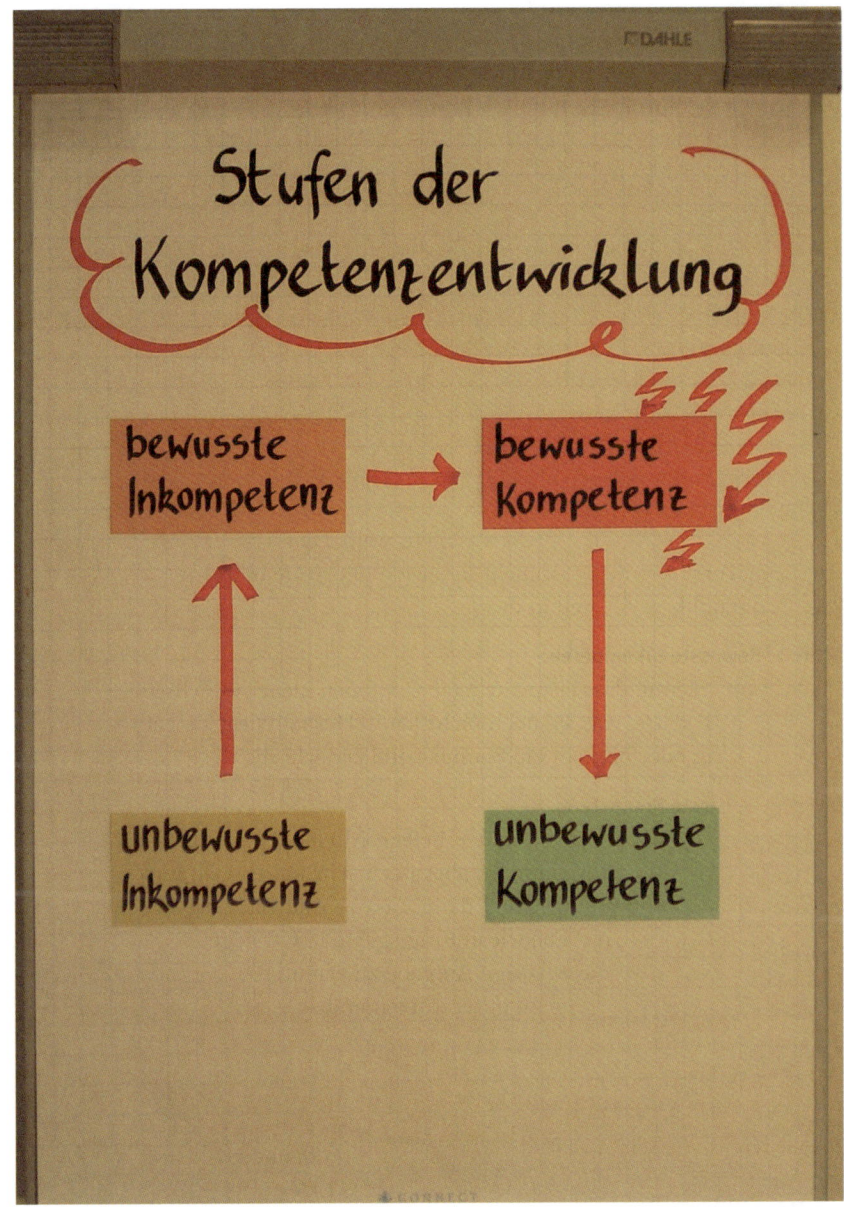

Die Stufen der Kompetenzentwicklung

Literaturverzeichnis

Antons Klaus: Praxis der Gruppendynamik. Göttingen 1973 (Verlag für Psychologie)

Balke Robert R./Mouton Jane S.: Besser führen mit Grid. Düsseldorf 1994 (Econ)

Bauer Joachim: Prinzip Menschlichkeit. Warum wir von Natur aus kooperieren. Hamburg 2007 (Hoffmann und Campe)

Berkel Karl: Konflikttraining. Heidelberg 1999 (Sauer)

Blanchard Kenneth/Zigarmi Patricia/Zigarmi Drea: Der Minuten-Manager: Führungsstile. Reinbek/Hamburg 2002 (rororo)

Buchacher Walter/Wimmer Josef: Das Seminar. Wien 2006 (Linde)

Cohn Ruth: Von der Psychoanalyse zur Themenzentrierten Interaktion. 1975 (Klett-Cotta)

Csikszentmihalyi Mihaly: Das flow-Erlebnis. Stuttgart 2000 (Klett)

Dietrich Reinhold: Der Palast der Geschichten. Salzburg 2002 (Dietrich)

Gay Friedbert: Das DISG Persönlichkeitsprofil. Persönliche Stärke ist kein Zufall. Remchingen 2006 (Gabal).

GEO, „Die Kraft der Zuversicht" in: GEO, Ausgabe 10/2006, Hamburg (Gruner und Jahr).

GEO, „Die Logik der Liebe" in: GEO, Ausgabe 12/2002, Hamburg (Gruner und Jahr).

Glasl Friedrich: Konfliktmanagement – Ein Handbuch für Führungskräfte. Bern 1997 (Verlag Freies Geistesleben)

Gordon Thomas: Managerkonferenz. Effektives Führungstraining. München 1989 (Heyne)

Graf-Götz Friedrich: Organisationen gestalten. Weinheim/Basel 2001 (Beltz)

Höhler Gertraud: Herzschlag der Sieger: Die EQ-Revolution. Düsseldorf und München 1998 (Econ)

Jeserich Wolfgang: Mitarbeiter auswählen und fördern. München und Wien 1981 (Carl Hanser)

Knebel Heinz: Taschenbuch für Personalbeurteilung. Heidelberg 1999 (Sauer)

Krön Richard: Kleine Sitzungstechnik. Salzburg 1995 (Katholisches Bildungswerk Salzburg)

Krüger Wolfgang: Teams führen. München 2004 (Haufe)

Lewin K./Lippitt R./White R.K.: Patterns of aggressive behavior in experimentally created "social climates". Journal of Social Psychology 1939

Lundin Stephen C./Paul Harry/ Christensen John: Fish! Ein ungewöhnliches Motivationsbuch. Wien 2001 (Ueberreuter)

Mackenzie Donald: Die soziale Gestaltung der Technologie. 1985

Marmet Otto: Ich und du und so weiter. Kleine Einführung in die Sozialpsychologie. Weinheim/Basel 1996 (Beltz)

Mayrshofer Daniela/Kröger Hubertus A.: Prozesskompetenz in der Projektarbeit. Hamburg 1999 (Windmühle)

Mentzel Wolfgang: Mitarbeitergespräche. Mitarbeiter motivieren, richtig beurteilen und effektiv einsetzen. München 2004 (Haufe)

Niermeyer Rainer/Postall Nadia: Führen. Die erfolgreichsten Instrumente und Techniken. Planegg/München 2003 (Haufe)

Peseschkian Nosrat : Positive Psychotherapie. Frankfurt/Main 1985 (Fischer)

Opaschowski Horst W.: Das Moses-Prinzip. Die 10 Gebote des 21. Jahrhunderts. Gütersloh 2007 (Gütersloher Verlagshaus)

Schulz von Thun Friedemann: Miteinander reden 2: Stile, Werte und Persönlichkeitsentwicklung. Reinbek/Hamburg 2001 (rororo)

Seifert Josef: Visualisieren, Präsentieren, Moderieren. Offenbach 1996 (Gabal)

Seiwert Lothar J./Gay Friedbert: Das neue 1x1 der Persönlichkeit. München 2004 (Gräfe und Unzer)

Seiwert Lothar J.: Wenn du es eilig hast, gehe langsam. Frankfurt/New York 2001 (Campus)

Simon Walter: Führung und Zusammenarbeit. Offenbach 2006 (Gabal)

Sprenger Reinhard: Mythos Motivation. Frankfurt/New York 1997 (Campus)

Stroebe Rainer W.: Grundlagen der Führung. Heidelberg 1999 (Sauer)

Stroebe Rainer W.: Kommunikation I. Heidelberg 1998 (Sauer)

Stroebe Rainer W./Stroebe G.H.: Motivation. Heidelberg 1997 (Sauer)

Vogelauer Werner: Methoden-ABC im Coaching. Wien 2001 (Manz und Luchterhand).

Zeyringer Jörg: Die 11 Gesetze der Motivation im Spitzensport. Zürich 2006 (Orell Füssli)

Zimbardo Philip G.: Psychologie. Berlin/Heidelberg 1983 (Springer)

Wer Kurs auf einen
Stern nimmt, wankt nicht.
Leonardo da Vinci

Die Firma

Salzburger Institut für Weiterbildung GmbH
www.siwb.at

Wir haben 1991 einen Trainerverbund gegründet, aus dem die Salzburger Institut für Weiterbildung GmbH hervorgegangen ist. Schon damals ließen wir uns von der Vorstellung leiten, universitäres Wissen, die Leistungsfähigkeit der österreichischen Privatwirtschaft und die Veränderungsimpulse öffentlicher Institutionen zusammenzuführen und nutzbar zu machen.

Und wir haben es geschafft. Wir haben in der Weiterbildung eine Marke geschaffen. Wir stehen in engem Kontakt mit unseren Partnern und entwickeln mit ihnen praxisorientierte Produkte für Firmen, Freiberufler, den öffentlichen Sektor und für Privatpersonen:

- Seminare
- Workshops
- Coaching
- Assessment
- Projekte

Ausgangspunkt ist zunächst die Bedarfsgerechtigkeit! Wir orientieren uns an den jeweiligen Personen und Auftraggebern, die bei uns Unterstützung suchen. Individuell geht's einfach am besten. Ob privat oder im Berufsleben.

Weil man „nur sieht, was man weiß, und nur versteht, was man erlebt hat" (C. G. Jung), gestalten wir unsere verschiedenen Angebote so erlebnisorientiert und spielerisch wie möglich. Aktives Lernen durch direkte Beteiligung an der Vermittlung der jeweiligen Inhalte fördert das Erreichen unserer gemeinsamen Ziele.

Wir von siwb haben jede Menge Erfahrung. Als Trainer und in der Forschung. Und natürlich auch in der Lehre. Da klappt's dann auch prächtig mit der Verbindung von Theorie und Praxis. Zur Freude und zum Vorteil unserer Kunden. Und mit diesem Buch auch für unsere Leser.

Die Autoren

Mag. Dr. Walter Buchacher und Dr. Josef Wimmer sind Professoren für Humanwissenschaften an der Pädagogischen Hochschule Salzburg. Sie leiten seit 25 Jahren Seminare, Workshops und Coachings für Führungskräfte und Vortragende aus Wirtschaft, Justiz, Medizin, Militär u.a. Beide betreiben als Geschäftsführende Gesellschafter das Salzburger Institut für Weiterbildung.

Stichwortregister